Oluwafemi Adedire

Caracterização de Metabolitos tipo Bacteriocina de Bactérias

Oluwafemi Adedire

Caracterização de Metabolitos tipo Bacteriocina de Bactérias

Produção e modo de ação

ScienciaScripts

Imprint
Any brand names and product names mentioned in this book are subject to trademark, brand or patent protection and are trademarks or registered trademarks of their respective holders. The use of brand names, product names, common names, trade names, product descriptions etc. even without a particular marking in this work is in no way to be construed to mean that such names may be regarded as unrestricted in respect of trademark and brand protection legislation and could thus be used by anyone.

Cover image: www.ingimage.com

This book is a translation from the original published under ISBN 978-3-659-87447-5.

Publisher:
Sciencia Scripts
is a trademark of
Dodo Books Indian Ocean Ltd. and OmniScriptum S.R.L publishing group

120 High Road, East Finchley, London, N2 9ED, United Kingdom
Str. Armeneasca 28/1, office 1, Chisinau MD-2012, Republic of Moldova, Europe
Managing Directors: Ieva Konstantinova, Victoria Ursu
info@omniscriptum.com

Printed at: see last page
ISBN: 978-620-8-63488-9

DEDICAÇÃO

Este trabalho de investigação é dedicado a Deus Todo-Poderoso, que tornou possível e bem sucedida a realização desta investigação.

AGRADECIMENTOS

Agradeço a Deus por me ter concedido a graça e a mente sã para reunir as metodologias e realizar com êxito este trabalho de investigação.

Agradeço também ao Dr. Odeniyi Olubusola, ao Dr. Oluwafemi Ayanfeoluwa e a Carolyn Evans, que me orientaram durante a execução e publicação deste trabalho de investigação.

Oluwafemi Michael Adedire
março de 2016.

ÍNDICE DE CONTEÚDOS

DEDICAÇÃO 1

AGRADECIMENTOS 2

ÍNDICE DE CONTEÚDOS 3

CAPÍTULO UM 4

CAPÍTULO DOIS 8

CAPÍTULO TRÊS 34

CAPÍTULO QUATRO 46

CAPÍTULO CINCO 63

REFERÊNCIAS 71

APÊNDICE A 91

CAPÍTULO UM

1.0 INTRODUÇÃO

Diversas formas de substâncias antagonistas têm sido relatadas por vários autores a partir de uma vasta gama de células procarióticas e eucarióticas no seu esforço para conter outros organismos que vivem no mesmo nicho ecológico através da inibição antagonista competitiva. A produção destas substâncias é uma forma de estratégia de defesa biológica natural. As bacteriocinas são proteínas inibitórias produzidas por bactérias contra estirpes estreitamente relacionadas. No entanto, a sua atividade inibitória de largo espetro está agora bem estabelecida contra diferentes bactérias (não apenas as parentes próximas), certos vírus, fungos e até protozoários (Nes, 2011). A produção de bacteriocinas está amplamente difundida na natureza e, curiosamente, foi relatado que uma única espécie produz 10 a 100 tipos diferentes de bacteriocinas biologicamente activas e metabolitos extracelulares semelhantes a bacteriocinas (Webster, 1991; James *et al.*, 2002).

Os péptidos ou metabolitos microbianos semelhantes a bacteriocinas são grupos únicos e variados de moléculas produzidas por células microbianas vivas de diferentes tipos e também consideradas como fazendo parte da imunidade inata do hospedeiro (Smajs *et. al.,* 2010). Estes compostos são candidatos promissores para o tratamento de várias infecções em plantas, animais e seres humanos (Lipsky *et. al.,* 2008). As bacteriocinas e os metabolitos semelhantes às bacteriocinas são geralmente produzidos como metabolitos excretórios de células microbianas contra espécies estreitamente relacionadas e, por vezes, distantes.

As bacteriocinas de bactérias gram-positivas são frequentemente péptidos catiónicos de cadeia mais curta, permeabilizadores da membrana, com menos de 60 resíduos de aminoácidos (Klaenhammer, 1993; Jack *et. al.,* 1995). Devido à diferença na composição da parede celular, os espectros de atividade das bactérias gram positivas são mais amplos quando comparados com os das bactérias gram negativas (Ansari *et. al.,* 2012). O género *Bacillus* engloba várias espécies bacteriocinogénicas, tais como *Bacillus subtilis*, que produz subtilina e subtilosina, *Bacillus coagulans*, que produz coagulina, e *Bacillus megaterium*, que produz megacina. *O Bacillus thuringiensis* é amplamente utilizado na agricultura para o controlo de muitos insectos patogénicos

(Okulate, 2009). Devido à sua segurança e consideração na utilização humana, as estirpes probióticas de *B. subtilis* são de grande interesse (Pinchuk *et. al.*, 2001). A subtilina e a subtilosina de estirpes de *B. subtilis* são activas contra muitas estirpes de bactérias gram positivas (Le Marrec *et. al.*, 2000).

Várias espécies de *Pseudomonas* são excelentes produtoras de bacteriocinas e de metabolitos semelhantes a bacteriocinas. *A Pseudomonas aeruginosa* é um exemplo dessa excelência, uma vez que muitas das suas estirpes produzem bacteriocinas denominadas piocinas e vários outros metabolitos inibitórios semelhantes a bacteriocinas (Michel-Briand e Baysse 2002; Ling *et al.*, 2010). As bacteriocinas produzidas por *Pseudomonas aeruginosa* são caracterizadas em quatro grupos. Os dois primeiros, as piocinas do tipo R e do tipo F, são grandes estruturas macromoleculares homólogas às caudas dos fagos. As outras, as piocinas do tipo S e do tipo M, são pequenos complexos proteicos homólogos às conhecidas colicinas de *Escherichia coli*. As piocinas do tipo R são o grupo mais intensamente estudado e demonstraram ser capazes de matar várias espécies de *Pseudomonas*, para além de várias espécies de *Campylobacter* (Blackwell *et al.*, 1982).

A atividade das bacteriocinas é muito específica e pertencem a diferentes grupos; os pequenos péptidos que sofrem modificações pós-traducionais extensas para produzir os péptidos activos, por exemplo a nisina, são agrupados como bacteriocinas da Classe I; os péptidos estáveis ao calor, de baixo peso molecular e activos na membrana são agrupados como bacteriocinas da Classe II; os membros da Classe III são grandes proteínas termolábeis e foi também sugerida uma quarta classe (bacteriocina complexa), que requer a presença de grupos não proteicos para a sua atividade (Baby *et. al.*, 2003). O presente estudo foi concebido para isolar espécies de *Bacillus* e *Pseudomonas* do solo e para produzir, purificar parcialmente e caraterizar os seus metabolitos excretores semelhantes a bacteriocinas.

1.1 Declaração do problema

Foi relatado que os antibióticos terapêuticos prescritos iniciam reacções alérgicas nos indivíduos, eliminam a flora normal quando são administrados e são ineficazes contra vários microrganismos resistentes aos antibióticos. Estes, entre outros problemas médicos, impedem a eficácia dos antibióticos na conservação dos alimentos, na utilização clínica e noutras aplicações industriais.

Foi demonstrado que alguns metabolitos antimicrobianos de espécies de *Pseudomonas* e *Bacillus* inibem uma série de espécies estreitamente relacionadas e, por vezes, distantes. No entanto, foram feitas poucas tentativas para determinar o modo de ação inibitório dos metabolitos excretórios semelhantes a bacteriocinas de espécies selecionadas destes géneros, bem como as suas actividades contra grupos específicos de organismos de teste, incluindo espécies ambientais, agentes patogénicos clínicos e alimentares.

1.2 Justificação

A utilização clínica de bacteriocinas antimicrobianas, algumas das quais já provaram matar bactérias em modelos animais, é imperativa devido à sua atividade documentada contra isolados resistentes a antibióticos, à sua segurança e à redução das reacções alérgicas em indivíduos quando comparadas com antibióticos microbianos normais no que diz respeito à sua utilização clínica e na produção de alimentos para consumo humano e animal. As bacteriocinas purificadas, especialmente a partir de uma vasta gama de espécies de *Bacillus* e *Pseudomonas*, podem, no entanto, apresentar uma alternativa interessante às deficiências associadas à utilização convencional de antibióticos.

Além disso, tem havido um interesse crescente na utilização de bacteriocinas adequadamente estudadas como potenciais alternativas aos antibióticos clássicos na aquicultura e noutras práticas agrícolas de criação de animais. Foram também relatadas bacteriocinas com elevada potência contra agentes patogénicos marinhos; são ambientalmente seguras devido ao facto de não criarem pressões de seleção intensivas para agentes patogénicos resistentes a antibióticos. As bacteriocinas podem revelar-se extremamente benéficas em várias indústrias e deve dedicar-se mais investigação à exploração das suas potenciais aplicações como probióticos, terapêuticas e na tecnologia de obstáculos. Considerando o facto de que todos os géneros de bactérias têm espécies com potencial para produzir bacteriocinas, e que apenas algumas foram até agora identificadas em espécies de *Bacillus* e *Pseudomonas*, espera-se que o presente trabalho de investigação exponha apenas uma ponta do iceberg na caraterização de metabolitos semelhantes a bacteriocinas de espécies de *Pseudomonas* e *Bacillus*, elucidando os seus modos de ação e a possibilidade da sua exploração em numerosas aplicações.

1.3 Metas e objectivos

O objetivo geral deste trabalho de investigação é a pesquisa, purificação parcial e caraterização de metabolitos antimicrobianos semelhantes a bacteriocinas de espécies de *Pseudomonas* e *Bacillus* do solo. Os objectivos específicos incluem:

- Isolamento de espécies de *Bacillus* e *Pseudomonas* do solo
- Rastreio primário e secundário da produção de metabolitos semelhantes a bacteriocinas por espécies de *Bacillus* e *Pseudomonas*
- Produção, ensaio de atividade e determinação do título dos metabolitos brutos do tipo bacteriocina
- Purificação parcial e doseamento dos metabolitos purificados
- Caracterização de metabolitos do tipo bacteriocina parcialmente purificados (pH, temperatura, quelantes, surfactante, testes de hemólise e hemaglutinação)
- Análise FTIR do modo de ação de metabolitos do tipo bacteriocina parcialmente purificados na superfície de células indicadoras.
- Determinação do espetro de actividades inibitórias dos metabolitos do tipo bacteriocina de *Bacillus* e *Pseudomonas*.

CAPÍTULO DOIS

2.0 REVISÃO DA LITERATURA

2.1 Bacteriocinas e interação competitiva entre populações bacterianas

Os microrganismos existem no seu nicho ecológico natural como uma variedade complexa de populações microbianas. Nestes locais, as bactérias envolvem-se numa interminável corrida ao armamento, na qual competem por recursos limitados e espaço no nicho. O resultado desta intensa interação é a evolução de um arsenal diversificado e poderoso de armas biológicas. A maioria das espécies de bactérias produz um, e normalmente muitos mais, destes potentes agentes de biocontrolo, incluindo antibióticos clássicos, agentes líticos, lisozimas e bacteriocinas (Cascales *et al.,* 2007). Para manter a sua existência ou o seu nicho ecológico, muitas espécies desenvolveram sistemas de defesa antimicrobiana contra concorrentes (Nissen-Meyer e Nes, 1997). A produção de péptidos antimicrobianos é uma primeira linha de defesa, e também parte da imunidade inata, encontrada numa variedade de espécies. Por vezes, os péptidos actuam contra um grupo específico de organismos concorrentes; por vezes, o seu amplo espetro de atividade serve como um mecanismo de defesa mais geral. Os péptidos antimicrobianos protegem o hospedeiro através de diferentes mecanismos. As armas microbianas de eleição, avaliadas pela frequência com que são encontradas em populações naturais de bactérias e pela sua diversidade, são as bacteriocinas, com várias espécies bacterianas a produzirem um ou mais tipos dessas bacteriocinas (Cascales *et al.,* 2007). As bacteriocinas são moléculas proteicas biologicamente activas com um modo de ação bactericida (James *et al.,* 1991). Duas caraterísticas principais que distinguem a maioria das bacteriocinas dos antibióticos clássicos são o facto de as bacteriocinas serem sintetizadas por via ribossómica e terem um espetro de ação relativamente estreito (Riley e Wertz, 2002). De facto, as bacteriocinas são frequentemente tóxicas para as bactérias estreitamente relacionadas com a estirpe produtora ou habitantes do mesmo nicho ecológico; no entanto, alguns sintetizadores de bacteriocinas produzem bacteriocinas que matam bactérias relacionadas com distâncias muito distantes (Wertz *et al.,* 2003). A família das bacteriocinas inclui uma diversidade de proteínas em termos de tamanho, alvo microbiano, modo de ação, libertação e mecanismos de imunidade e pode ser dividida em dois grupos principais: as produzidas por bactérias Gram-negativas e Gram- positivas (Gordon e O'Brien, 2006; Heng *et al.*, 2007).

A produção de bacteriocinas nas populações microbianas é observada em todos os principais grupos de Eubacteria e Archaebacteria (Webster, 1991). Dentro de um género, são produzidas dezenas ou mesmo centenas de diferentes tipos de bacteriocinas e metabolitos inibitórios semelhantes a bacteriocinas (James *et al.*, 2002). As colicinas, que são bacteriocinas produzidas por *Escherichia coli,* encontram-se em 30-50% das estirpes isoladas de hospedeiros humanos e são frequentemente referidas como factores de virulência (Riley e Gordon 1992). Foram encontrados níveis muito mais elevados de produção de bacteriocinas nalgumas bactérias Gram-negativas, como a *Pseudomonas aeruginosa*, em que mais de 90% produzem diferentes tipos de bacteriocinas não caracterizadas (Michel-Briand e Baysse, 2002).

Apesar dos elevados níveis de diversidade das bacteriocinas, estas proteínas partilham muitas caraterísticas gerais (James *et al.*, 2002). São geralmente antibióticos proteicos de elevado peso molecular que matam estirpes ou espécies estreitamente relacionadas. A bacteriocina entra na célula-alvo através do reconhecimento de receptores específicos da superfície celular e, em seguida, mata a célula através da formação de canais permeáveis a iões na membrana citoplasmática, através da degradação inespecífica do ADN celular, através da inibição da síntese proteica por clivagem específica do 16s rRNA ou por lise celular.

Sem dúvida, as bacteriocinas desempenham várias funções nas comunidades microbianas. Esta afirmação decorre da deteção da produção de bacteriocinas em todas as linhagens de procariotas estudadas. Igualmente convincente é a inferência de uma forte seleção positiva que actua sobre algumas bacteriocinas (Tan e Riley, 1996). Por último, existe um conjunto bem desenvolvido de teoria e dados empíricos que detalham o papel potencial das bacteriocinas na manutenção da diversidade microbiana ao nível da população e da comunidade (Kerr *et al.*, 2002).

As bacteriocinas podem atuar como anticoncorrentes, permitindo a invasão de uma estirpe ou espécie numa população ou comunidade microbiana estabelecida. Podem também desempenhar um papel defensivo e atuar no sentido de proibir a invasão de outras estirpes ou espécies num nicho ocupado ou limitar o avanço de células vizinhas. Recentemente, foi proposto um papel adicional para as bacteriocinas produzidas por bactérias Gram-positivas, que é o de regular o quorum sensing (Miller e Bassler, 2001). Algumas espécies de bactérias produzem toxinas que podem apresentar numerosas caraterísticas semelhantes às bacteriocinas, mas que ainda não foram completamente caracterizadas; estas toxinas são referidas como substâncias inibidoras semelhantes às bacteriocinas, ou BLIS (Messi *et al.*, 2003; Moro *et al.,* 1997). A compreensão geral do papel e da natureza das bacteriocinas requer a utilização de uma bacteriocina funcional específica como modelo de estudo.

2.2 Bacteriocinas e antibióticos

Na literatura, as bacteriocinas são frequentemente confundidas com antibióticos (Hansen, 1993), o que, no entanto, limitaria a sua utilização em várias aplicações de um ponto de vista legal e de segurança. Em alguns países, é fundamental fazer a distinção entre bacteriocinas e antibióticos. As bacteriocinas, que são claramente distinguíveis dos antibióticos clínicos, devem ser utilizadas de forma segura e eficaz para controlar o crescimento de agentes patogénicos específicos. As bacteriocinas podem também ser diferenciadas dos antibióticos com base na síntese, no modo de ação, no espetro antimicrobiano, na toxicidade e nos mecanismos de resistência. Reconhecendo que as bacteriocinas são diferentes dos antibióticos, Hurst (1981), na sua revisão, identificou a toxicidade selectiva das bacteriocinas, tornando-as potenciais candidatas de escolha em várias aplicações clínicas e de conservação. Algumas caraterísticas diferenciais básicas entre as bacteriocinas e os antibióticos são destacadas na tabela 2.1.

Tabela 2.1: Distinções entre bacteriocinas e antibióticos

Caraterísticas	Bacteriocinas	Antibióticos
Aplicações	Aplicações alimentares, clínicas e várias outras aplicações industriais	Principalmente clínico
Síntese	Ribossómico	Metabolito secundário
Atividade	Normalmente de espetro estreito	Espectro variável
Imunidade das células hospedeiras	Adaptação que afecta a composição da membrana celular	Normalmente, trata-se de uma determinante genética transferível, que afecta diferentes locais em função do modo de ação
Requisito de interação	Por vezes, moléculas de acoplamento	Alvos celulares específicos
Modo/local de ação	Principalmente formação de poros, mas em poucos casos, impedimento da biossíntese da parede celular	Parede celular, membrana celular ou alvos intracelulares
Toxicidade/efeitos secundários	Mínimo/nenhum	Muitos são significativamente tóxicos

Fonte: Cleveland *et al.*, 2001

2.3 Colicinas: A bacteriocina modelo

De todas as bacteriocinas produzidas por microrganismos até à data, as bacteriocinas mais extensivamente estudadas são as colicinas, que são produzidas por *Escherichia coli* (Pugsley, 1985; Pugsley e Oudega, 1987; James *et al.*, 2002; Cascales *et al.*, 2007). As colicinas foram identificadas pela primeira vez há quase 100 anos como um produto proteico termolábil presente em culturas de *E. coli* V e tóxico para *E. coli* S. Foi-lhes dado o nome de colicina para identificar a espécie produtora e tinham uma gama limitada de atividade devido à presença ou ausência de receptores específicos na superfície de células sensíveis (Fredericq e Levine, 1947).

As colicinas são o arquétipo de uma grande subfamília de bacteriocinas encontradas principalmente na família *Enterobacteriaceae*. Uma das caraterísticas que definem as toxinas do tipo colicina é o facto de serem compostas por três domínios funcionais: um domínio de ligação central que reconhece e adere a sítios receptores específicos nas superfícies das células-alvo, um domínio de translocação amino-terminal responsável pela entrada na célula e um carboxi-terminal, também conhecido como domínio de destruição, que mata efetivamente a célula. As colicinas matam as células-alvo através de uma variedade de mecanismos.

Foi estabelecido que as colicinas E1 e K inibem a síntese macromolecular sem paragem da respiração, a colicina E2 provoca a degradação do ADN e a colicina E3 pára a síntese proteica. Em todos os casos, a ação letal é invertida por tratamento com tripsina. Desde este trabalho pioneiro, foi demonstrado que as colicinas matam os seus alvos através da permeabilização da membrana ou da degradação do ácido nucleico (Braun *et al.*, 1994; Riley e Wertz, 2002; Smarda e Smajs, 1998). As colicinas são classificadas de acordo com a natureza do domínio de destruição. O grupo das nuclease inclui as colicinas que degradam o ADN, o ARNr ou o ARNt. As colicinas formadoras de poros matam através da formação de canais dependentes de voltagem na membrana citoplasmática. As colicinas que afectam a parede celular de peptidoglicano de outras bactérias são classificadas como o terceiro grupo e contêm operões de colicina que, normalmente, têm três genes: o gene que codifica a toxina; um gene de imunidade, cujo produto se liga especificamente à toxina codificada e lhe confere proteção contra a mesma; e um gene de lise, cujo produto contribui para a libertação da toxina no ambiente (Riley e Wertz, 2002).

Recentemente, estudos sobre organismos como *E. coli*, *Salmonella enterica*, *Hafnia alvei*, *Citrobacter freundii*, *Klebsiella oxytoca*, *Klebsiella pneumoniae* e *Enterobacter cloacae* revelaram diferentes níveis de produção de bacteriocinas, variando entre 3 e 26% dos isolados ambientais. As colicinas encontram-se em 30-50% das estirpes isoladas de hospedeiros humanos (Gordon, 2006; Riley, 2002). A amplitude filogenética sobre a qual as bacteriocinas matam foi estimada utilizando a filogenia molecular das bactérias entéricas, na qual a frequência de morte dentro de cada taxon para cada bacteriocina foi mapeada na filogenia entérica. Estes dados mapeados revelaram que as bacteriocinas matam geralmente membros da sua própria espécie; no entanto, foi também observado um nível surpreendentemente elevado de morte interespecífica (Wertz *et al.*, 2003). Wertz e colegas complementaram assim outros trabalhos teóricos que sugerem que as bacteriocinas (e outros sistemas de defesa microbiana) podem ser responsáveis pela manutenção de grande parte da extraordinária diversidade de micróbios observada na natureza (Czárán *et al.*, 2002; Kerr *et al.*, 2002).

2.4 O papel ecológico das bacteriocinas

Apesar dos relatos de vários autores sobre o papel generalizado da produção de toxinas no mundo microbiano, pouco se sabe sobre a ecologia desta forma de competição. Estudos teóricos e empíricos anteriores sugeriram que a produção de toxinas serve como uma estratégia para obter acesso a nutrientes (Ivanovska e Hardwick, 2005). No entanto, um estudo mais recente que testou as interações competitivas entre produtores de toxinas e estirpes de leveduras sensíveis em condições de baixo e alto teor de nutrientes concluiu que os produtores de toxinas apenas competem mais do que as células sensíveis em ambientes de alto teor de nutrientes (Wloch-Salamon *et al.*, 2008). Esta observação apoia a previsão teórica de que a produção de toxinas evoluiu para ocorrer como uma estratégia competitiva em condições de recursos abundantes (Frank, 1994). Ambos os estudos sugerem que a produção de toxinas por um organismo pode ser mais importante na invasão de nichos através da eliminação de outros organismos cujos requisitos nutricionais são fornecidos pelo mesmo nicho do que noutros papéis (Brown *et al.*, 2009; Riley, 2011).

Alguns dos primeiros estudos ecológicos sobre o papel das bacteriocinas eram inconclusivos e, por vezes, até contraditórios (Ikari *et al.*, 1969). Mais recentemente, no entanto, foi estabelecida uma base teórica e empírica mais sólida que define as condições que favorecem a manutenção de bactérias produtoras de toxinas, tanto a nível da população como da comunidade. Chao e Levin (1981) mostraram que as condições para a invasão de uma estirpe produtora de colicina são muito mais amplas num ambiente espacialmente estruturado (isto é, um ambiente que restringe o movimento de estirpes e nutrientes) do que num ambiente não estruturado (onde prevalece a ação das massas). Num ambiente não estruturado com ação em massa, uma pequena população de produtores não consegue invadir uma população estabelecida de células sensíveis (Durrett e Levin, 1997). Esta falha ocorre porque os produtores pagam um preço pela produção de toxinas (custos energéticos do transporte de plasmídeos e letalidade da produção), enquanto os benefícios (os recursos disponibilizados pela morte de organismos sensíveis) são distribuídos ao acaso. Num ambiente fisicamente estruturado, como na superfície de uma placa de ágar, as estirpes crescem como colónias separadas e a toxina difunde-se a partir de uma colónia de produtores, matando os vizinhos sensíveis (Kerr *et al.*, 2002).

O acesso aos recursos que, de outra forma, teriam sido consumidos pelas células sensíveis, bem como os nutrientes dos indivíduos mortos, é disponibilizado à colónia produtora devido à sua proximidade. Por conseguinte, os assassinos podem aumentar de frequência mesmo quando inicialmente são raros. Vários esforços de modelização incorporaram uma realidade biológica adicional, tal como se verificou no relatório de uma terceira espécie envolvida na interação bacteriocina, uma espécie que é resistente à toxina mas que não consegue produzir a toxina (Nakamaru e Iwasa, 2000). A resistência pode ser conferida através de mutações no local de ligação ou na maquinaria de translocação necessária para que a bacteriocina entre na célula-alvo. A aquisição de um gene de imunidade também confere resistência à sua bacteriocina cognata.

Parte-se do princípio de que existe um custo de resistência e que esse custo é inferior ao custo de produção da toxina suportado pela estirpe assassina (Riley e Wertz, 2002). Como resultado destas interações, foi estabelecido que a estirpe produtora vence a estirpe sensível, devido aos efeitos da toxina sobre esta última. A estirpe sensível vence a estirpe resistente porque só esta última sofre o custo da resistência. E a estirpe resistente vence a produtora porque esta última suporta o custo mais elevado da produção da toxina, enquanto a primeira paga apenas o custo da resistência (Karolyi *et al.*, 2005). Kerr *et al.*, (2002) investigaram esta interação não-transitiva mediada por bacteriocinas e o seu estudo revelou que em ambientes onde as interações e a dispersão não são apenas locais, a estirpe resistente ultrapassou a comunidade no decurso da experiência. Em contrapartida, num ambiente estruturado, as três estirpes podem persistir com uma abundância global quase constante (Laird e Schamp, 2008; Neumann e Schuster, 2007).

No entanto, numerosos estudos sobre a produção de bacteriocinas em populações naturais sugerem que as estirpes produtoras se encontram em frequências que variam entre 10 e 50% (Gordon e Riley 1999; Barnes *et al.,* 2007). As estirpes resistentes são ainda mais abundantes, encontrando-se em frequências de 50-90% e existe uma pequena população de células sensíveis. A produção de bacteriocinas é bastante dispendiosa, basicamente devido ao custo de replicação e manutenção do plasmídeo da bacteriocina (Braun *et al.*, 1994; Feldgarden *et al.,* 1995). A presença simultânea de estirpes produtoras de bacteriocinas e resistentes pode ser explicada pela frequente transferência horizontal de resistência e pelo custo significativo associado à produção de bacteriocinas (Barnes *et al.*, 2007). Por outras palavras, se uma estirpe pode ganhar resistência e perder a produção, fá-lo-á ao longo do tempo; tal como foi observado em isolados da população de ratos do campo durante um período de 3 meses (Gordon *et al.*, 1998; Vriezen, 2009).

Foram formuladas várias hipóteses sobre a ação ecológica da bacteriocina em populações mistas. Os trabalhos experimentais e teóricos sobre a ecologia da alelopatia mediada por bacteriocinas sublinham a importância das interações célula a célula e da estrutura espacial na mediação do resultado da competição. Um estudo recente explorou esta hipótese utilizando dois produtores de colicina *de E. coli* (colicinas E2 e

E9), que se encontram por vezes juntos no mesmo hospedeiro (Gordon *et al.*, 1998). Este estudo demonstrou que cada bacteriocina tem a capacidade de induzir a produção da sua homóloga. A indução de bacteriocinas pode ser reforçada pela adição de agentes mutagénicos, como a mitomicina C e a luz UV. A indução por agentes danificadores do ADN foi posteriormente associada aos motivos SOS (Son of Sevenless), conservados em todas as regiões promotoras das colicinas (Gillor *et al.*, 2008). Os resultados destes estudos apoiam a previsão de que a produção de bacteriocinas e de metabolitos semelhantes a bacteriocinas numa comunidade pode resultar na manutenção da diversidade (Gardner *et al.*, 2004; Kirkup e Riley, 2004).

2.4.1 O modelo do rato com bacteriocina

A fim de fornecer uma avaliação mais realista do efeito ecológico da bacteriocina, bem como do seu papel na mediação da dinâmica das estirpes bacterianas numa comunidade de bactérias, foi utilizada uma variedade de modelos de ratinhos. Embora nenhum destes modelos seja capaz de controlar com precisão as comunidades bacterianas em ratos ou medir o impacto das respostas do hospedeiro, fornecem uma indicação clara da dinâmica da população de estirpes com diferentes capacidades para produzir ou resistir às bacteriocinas. Um dos primeiros estudos deste tipo demonstrou que a produção de bacteriocinas melhora o sucesso do estabelecimento das estirpes produtoras no cólon do ratinho (McCormick *et al.*, 1989). Kerr *et al.* (2002) incorporaram um realismo adicional a estes estudos com a introdução de três estirpes de produtores de bacteriocinas no cólon do rato (estirpes produtoras, sensíveis e resistentes), tendo a manifestação destas estirpes sido monitorizada após a sua introdução no cólon do rato. Quando um rato albergava uma estirpe sensível, uma estirpe produtora de bacteriocina introduzida era capaz de invadir. Quando uma estirpe produtora de bacteriocina era residente, uma estirpe resistente introduzida também era capaz de invadir. Em ambos os sistemas experimentais, a natureza não-transitiva da dinâmica mediada pela bacteriocina foi ainda mais revelada (Kirkup e Riley 2004). Outro estudo baseado em ratos monitorizou a evolução do fenótipo de morte de uma estirpe produtora de bacteriocina mantida no cólon de um rato. Antes da introdução das estirpes nos ratos, a comunidade bacteriana nativa relacionada com a coloração

Gram da estirpe produtora de bacteriocina foi eliminada com a aplicação de antibióticos; assim, houve pouca ou nenhuma competição com parentes próximos nesta conceção experimental. As estirpes produtoras que evoluíram a partir desta conceção foram atribuídas a uma atividade de morte significativamente reduzida ao longo de quatro meses de amostragem. Estudos mais recentes utilizaram o mesmo modelo de ratinho e incorporaram uma diversidade adicional de bacteriocinas na conceção experimental (Gillor *et al.*, 2009).

Estudos sobre o nicho ecológico de alguns grupos de organismos como as Enterobactereaceae no seu animal hospedeiro revelaram que aderem às células epiteliais do cólon, formando um biofilme estável (Everett *et al.*, 2004), por outras palavras, formam um ambiente estruturado no qual as interações entre células estão localizadas. Assim, num ambiente não estruturado com elevada dispersão, as interações entre produtores de bacteriocinas podem aumentar e, devido à indução mútua, levar a uma produção e libertação elevadas de toxinas. Como a produção de bacteriocinas é dispendiosa e a libertação pode ser letal para a célula produtora, a vantagem competitiva da população de produtores pode, consequentemente, ser reduzida. No entanto, num ambiente estruturado com baixa dispersão, a interação competitiva será localizada e apenas uma pequena percentagem da população de produtores será induzida a defender-se das células invasoras (Gardner *et al.*, 2004).

2.5 Nomeação da bacteriocina

Para efeitos de identificação e classificação, as bacteriocinas foram originalmente designadas com base na espécie produtora, como as colicinas produzidas por *Escherichia coli,* as piocinas de *Pseudomonas aeruginosa* (anteriormente designadas *por piocianinas*), as cloacinas de *Enterobacter cloacae*, as cerecinas de *Bacillus cereus* e as pesticinas de *Yersinia pestis* (Reeves, 1965).

Fredericq (1957) criou a primeira classificação e, por conseguinte, nomenclatura, de bacteriocinas, centrando-se nas colicinas de *E. coli* (Fredericq, 1957). Fredericq agrupou as colicinas em 17 tipos diferentes (colicinas A, B, C, D, E, F, G, H, I, J, K, V, S1, S2, S3, S4 e S5) com base na sua especificidade de recetor. Estas colicinas foram depois subtipadas (colicina E1, E2 e E3, e assim por diante) com base nos seus padrões de imunidade. Neste esquema, todos os subtipos eram reconhecidos pelo mesmo recetor, mas possuíam fenótipos de imunidade diferentes (Fredericq, 1957). Mais tarde, a adição do nome da estirpe produtora permitiu uma maior diferenciação das bacteriocinas produzidas por estirpes da mesma espécie (Daw e Falkiner, 1996). Este esquema ainda é utilizado atualmente.

Tabela 2.2: Bacteriocinas de bactérias e archaea

	Bacteriocinas	Tipos/Classes de bacteriocinas	Tamanho (KDa)	Exemplos
Bactérias Gram-negativas	Colicinas	Formadores de poros Nucleases	20-80	Colicinas A, B Colicinas E2, E3
	Tipo colicina	Formadores de poros	20-80	S-piocinas Klebicinas
	Tipo fago	Formadores de poros	> 80	R e F Pirocinas
	Microsinas	Modificado pós-translacionalmente Não modificado	< 10	Microcina C7, Microcina B17, Colicina V
Bactérias Gram-positivas	Classe I	Tipo A-positivamente e linear Tipo B-uncharged ou globular carregado negativamente Tipo C-sinérgico	< 5	Nisina Mersacidina Lacticina 3147
	Classe II	Classe IIa-antilisterial Sinérgico de classe IIb	< 10	Pediocina PA1 Carnobacteriocina
	Classe III	Enzimas bacteriolíticas de tipo IIIa	> 10	B2 Lisostafina
	Classe IV	Peptídeos não-líticos de tipo IIIb Péptidos cíclicos	< 10	Helvectina Enterocina AS-48
Archaea	Halocinas	Microhalocinas	<10	Halocina A4, C8,
		Halocinas proteicas	>10	G1 Halocina H1, H4
	Sulfolobicina	Formadores de poros	~ 20	Sulfolobicina

Fontes: Shand *et al.*, 2007; Michel-Briand e Baysse, 2002; Heng *et al.*, 2007

2.5.1 Bacteriocinas de bactérias gram-negativas

As bacteriocinas produzidas por bactérias Gram-negativas são categorizadas em quatro classes principais: colicinas, bacteriocinas do tipo colicina, bacteriocinas do tipo cauda de fago e microcinas (Chavan e Riley, 2007). Em geral, as colicinas são proteínas sensíveis a proteases e termossensíveis que variam em tamanho de 25 a 90 kDa (Pugsley e Oudega, 1987). Existem dois tipos principais de colicina com base no seu modo de matar: colicinas formadoras de poros e colicinas nuclease. As colicinas formadoras de poros (colicinas A, B, E1, Ia, Ib, K, E1, 5) matam as estirpes sensíveis formando poros na membrana celular. As colicinas nuclease (Colicinas E2, E3, E4, E5, E6, E7, E8, E9) matam actuando como DNases, RNases ou tRNAses (Gillor *et al.*, 2004).

As bacteriocinas proteicas produzidas por outras espécies Gram-negativas são classificadas como colicinas devido à presença de caraterísticas estruturais e funcionais semelhantes. Tal como as colicinas, podem ser nucleases (piocinas S1, S2) e formadoras de poros (piocina S5) (Michel-Briand e Baysse, 2002). As Klebicinas de espécies de *Klebsiella*, as S-piocinas de *Pseudomonas aeruginosa* e as alveicinas de *Hafnia alvei* estão entre as bacteriocinas do tipo colicina mais estudadas. As bacteriocinas do tipo cauda de fago são estruturas maiores que se assemelham às caudas dos bacteriófagos, havendo mesmo quem defenda que são partículas de fago defeituosas (Bradley, 1967). As piocinas R e F de *P. aeruginosa* são algumas das bacteriocinas do tipo cauda de fago mais estudadas (Michel-Briand e Baysse, 2002; Nakayama *et al.*, 2000); são codificadas num grande grupo de genes, que abrange uma região de ADN superior a 40 kb (Nakayama *et al.*, 2000). Gillor *et al.* (2004) referiram que as bactérias Gram-negativas produzem bacteriocinas peptídicas muito mais pequenas (menos de 10 kDa) denominadas microcinas. As microcinas podem ser divididas em duas classes: as microcinas pós-tradução modificadas (microcinas B17, C7, J25 e D93) e as microcinas não modificadas (microcinas E492, V, L, H47 e 24) (Gillor *et al.*, 2004).

2.5.2 Bacteriocinas de bactérias gram-positivas

As bacteriocinas produzidas por espécies de bactérias Gram-positivas são geralmente divididas em quatro classes com base na sua natureza e caraterísticas gerais, que incluem o tamanho, a morfologia, as propriedades físicas e químicas (Lee e Kim, 2011). As bacteriocinas de classe I são lantibióticos, que são pequenos péptidos (geralmente com menos de 5 kDa) (Field *et al.,* 2007). São modificados pós-traducionalmente, incorporando aminoácidos não tradicionais como a desidroalanina, a desidrobutirina, a metil-lantiona e a lantionina (Cleveland *et al.,* 2001). Esta classe está subdividida em tipos A, B e C, sendo que os membros do tipo A são péptidos lineares com carga positiva, enquanto os do tipo B são péptidos globulares rígidos com carga neutra ou negativa.

Os membros do tipo C requerem a atividade sinérgica de dois péptidos para serem activos. Esta classe inclui as bem estudadas bacteriocinas nisina e lacticina (McAuliffe *et al.,* 2001). As bacteriocinas de classe II são péptidos pequenos (menos de 10 kDa), estáveis ao calor, que não são modificados pós-tradução (Heng *et al.,* 2007); esta classe também está subdividida em dois subgrupos. Os peptídeos da classe IIa são peptídeos semelhantes à pediocina ou peptídeos *activos em Listeria*, que contêm uma sequência N-terminal conservada (YGNGVxCxxxxCxV). As bacteriocinas da classe IIb requerem a atividade sinérgica de dois péptidos para serem totalmente activas (Nissen-Meyer *et al.,* 1992).

As bacteriocinas de classe III são geralmente péptidos grandes (mais de 10 kDa) e termolábeis. Estão subdivididas em dois subtipos. As bacteriolisinas do tipo IIIa são enzimas bacteriolíticas; a lisostafina é a bacteriocina mais estudada deste subtipo (Schindler e Schuhardt, 1964). O tipo IIIb são bacteriocinas não-líticas, a helveticina J (37 kDa) produzida por *Lactobacillus helveticus* pertence a este tipo (Joerger e Klaenhammer, 1986). Por último, as bacteriocinas da classe IV têm caraterísticas estruturais únicas: o primeiro e o último aminoácidos destas bacteriocinas estão ligados covalentemente, pelo que têm estruturas cíclicas. A enterocina AS-48 produzida por *Enterococcus faecalis* subsp. *liquefaciens* S-48 foi a primeira bacteriocina caracterizada pertencente a esta classe (Maqueda *et al.,* 2004).

2.5.3 Bacteriocinas de archaea

Outro grupo único de organismos produtores de bacteriocinas é o das arqueas, que foram caracterizadas por produzirem compostos antimicrobianos semelhantes a bacteriocinas, denominados arqueocinas (Shand e Leyva, 2007). Têm sido muito menos estudadas do que as bacteriocinas das bactérias. Até à data, foram identificados dois tipos principais de arqueocinas: halocinas de halobactérias e sulfolobicinas de espécies de *Sulfolobus*. As halocinas podem ser péptidos (menos de 10 kDa) ou proteínas (mais de 10 kDa) (Shand e Leyva, 2007). De acordo com Torreblanca e Meseguer (1994), a produção de halocinas é uma caraterística universal das halobactérias. As halocinas estão localizadas em megaplasmídeos (ou minicromossomas). As suas actividades são geralmente detectadas na fase de crescimento exponencial tardia ou no início da fase estacionária (Cheung *et al.*, 1997; Price e Shand, 2000). Não se sabe muito sobre as sulfolobicinas. Prangishvili *et al.* (2000) analisaram a produção de sulfolobicina de *Sulfolobus islandicus* isolado de fontes vulcânicas na Islândia. Este estudo previu que a atividade das sulfolobicinas está associada à membrana; estão também associadas a vesículas membranosas com um tamanho que varia entre 90 e 180 nm de diâmetro (Prangishvili *et al.*, 2000).

2.6 Genética das bacteriocinas

Estudos moleculares sobre a estrutura genética e a localização destes péptidos revelaram que as bacteriocinas são frequentemente codificadas em cromossomas, plasmídeos e outros elementos transponíveis. Por exemplo, as colicinas de *Escherichia coli* e a halocina H4 são codificadas por plasmídeos, enquanto as piocinas de *P. aeruginosa* são cromossómicas (Chavan e Riley, 2007; Cheung *et al.*, 1997; Michel-Briand e Baysse, 2002). Foi demonstrado que a Lacticina 481 reside no transposão *Tn5721* (Dufour *et al.*, 2000) e algumas espécies bacterianas, como a *Serratia marcescens*, possuem bacteriocinas codificadas tanto por plasmídeos como por cromossomas (Riley e Wertz, 2002). Em geral, a função completa das bacteriocinas é codificada através de três genes estreitamente ligados, os genes da toxina, da imunidade e da lise.No entanto, existem diferenças significativas na genética de algumas bacteriocinas, por exemplo, as colicinas, as bacteriocinas do tipo colicina, as bacteriocinas do tipo cauda de fago e as microcinas; o grupo genético das colicinas é constituído por três genes relacionados com as bacteriocinas muito próximos, enquanto a piocina do tipo colicina S3 não possui um gene de lise. Duas bacteriocinas representativas do tipo cauda de fago, as piocinas do tipo R e F (R2 e F2) são codificadas num grande grupo de genes que se estende por mais de 40 kb e inclui 44 quadros de leitura aberta (Nakayama *et al.*, 2000), os quadros de leitura aberta incluem os genes reguladores, de lise, R e F da piocina.As bacteriocinas Gram-positivas são geneticamente mais complicadas, com genes que codificam a modificação pós-tradução da toxina. A organização genética também varia entre as classes de bacteriocinas Gram-positivas, como a exigência de dois péptidos para a ativação completa das bacteriocinas de classe II. Um exemplo é o grupo de genes da nisina , que inclui 11 genes (*nisABTCIPRKFEG*) que codificam funções como a síntese do precursor da nisina (*nisA*), a regulação da biossíntese da nisina *(nisRK*), o processamento e a translocação da nisina (*nisBCTP*) e a imunidade (*nisIFEG*) (Kuipers *et al.,* 1993; Mierau e Kleerebezem, 2005).Um estudo recente sobre a organização genética das arqueocinas mostrou que a sulfolobicina de *Sulfolobus acidocaldarius* é composta por duas proteínas, SulA e SulB, que são codificadas pelos genes *sulA* e *sulB*, respetivamente. Estas duas proteínas estão associadas a vesículas membranares no meio extracelular. A organização genética das arqueocinas também é única. Sun *et al.* (2005) mostraram que o gene *halC8* codificava tanto a halocina C8 como a sua proteína imunitária HalI (Sun *et al.,* 2005). Difere de outras bacteriocinas na medida em que, normalmente, genes separados codificam a toxina da bacteriocina e as proteínas de imunidade.

2.6.1 Biossíntese de bacteriocina

A biossíntese de bacteriocinas é frequentemente observada em várias condições de stress, como a limitação de nutrientes e a sobrepopulação (Riley e Gordon, 1999). A biossíntese de bacteriocinas Gram-negativas é regulada pelo hospedeiro, envolvendo frequentemente o sistema SOS. O sistema SOS é composto pelas proteínas RecA e LexA. LexA é um repressor transcricional, que se liga ao promotor da bacteriocina e impede a sua transcrição. Em condições de stress, como danos no ADN e exposição a

UV, é induzida a expressão do gene *recA*. RecA liga-se a LexA e, por conseguinte, impede a repressão da expressão da bacteriocina (Cascales *et al.*, 2007). A expressão de S-piocinas do tipo colicina e de RF-piocinas do tipo fagetail também depende de RecA, exceto que estes genes possuem uma caixa P na sua região promotora em vez de uma caixa SOS (Nakayama *et al.*, 2000; Sano *et al.*, 1993). Além disso, não há repressão da expressão da bacteriocina dependente de LexA. A RecA activada cliva a proteína repressora da transcrição PtrR, o que leva à expressão do gene ativador da transcrição *ptrN*. O PtrN liga-se à caixa P e induz a expressão dos genes das piocinas (Matsui *et al.*, 1993; Michel-Briand e Baysse, 2002).As bactérias Gram-positivas, por outro lado, possuem vias de biossíntese específicas para as bacteriocinas. Por exemplo, a nisina regula a sua própria biossíntese em condições dependentes da densidade celular (Eijsink *et al.*, 2002). Sabe-se muito menos sobre as arqueocinas e a regulação da sua biossíntese ainda está a ser investigada. Um número significativo de microrganismos marinhos produz também bacteriocinas e substâncias inibidoras semelhantes a bacteriocinas (BLIS). As bacteriocinas e as BLIS isoladas de microrganismos marinhos são diversas. No entanto, partilham caraterísticas comuns com as bacteriocinas de Bacteria e Archaea (Fig. 2.1). Podem ser pequenos péptidos (5-10 kDa) como as microcinas das bactérias Gram-negativas, as microhalocinas das halobactérias e as bacteriocinas de classe I e II das bactérias Gram-positivas. Podem também ser de maiores dimensões (10-90 kDa), como as colicinas e as bacteriocinas do tipo colicina das bactérias Gram-negativas. Algumas bacteriocinas e BLIS isoladas de microrganismos marinhos têm caraterísticas únicas, por exemplo, BLIS-IW1, BLIS-BC1 e BC2 de espécies de *Vibrio* possuem uma fração de hidratos de carbono, enquanto BLIS VIB 571 de *V. harveyi* tem uma fração lipídica (Shehane e Sizemore, 2002). Não é claro se estas porções estão envolvidas na atividade da BLIS.Pouco se sabe sobre o modo de ação específico e a gama de morte destas BLIS, no entanto, está documentado que têm um modo variável de atividade inibitória; a sua atividade é estreita, como as bacteriocinas de bactérias Gram negativas, ou bastante ampla, como a observada nas bacteriocinas de bactérias Gram positivas (Bhugaloo-Vial *et al.*, 1996; Moro *et al.*, 1997; Sugita *et al.*, 1997; Suzuki *et al.*, 2005; Yamazaki *et al.*, 2005).

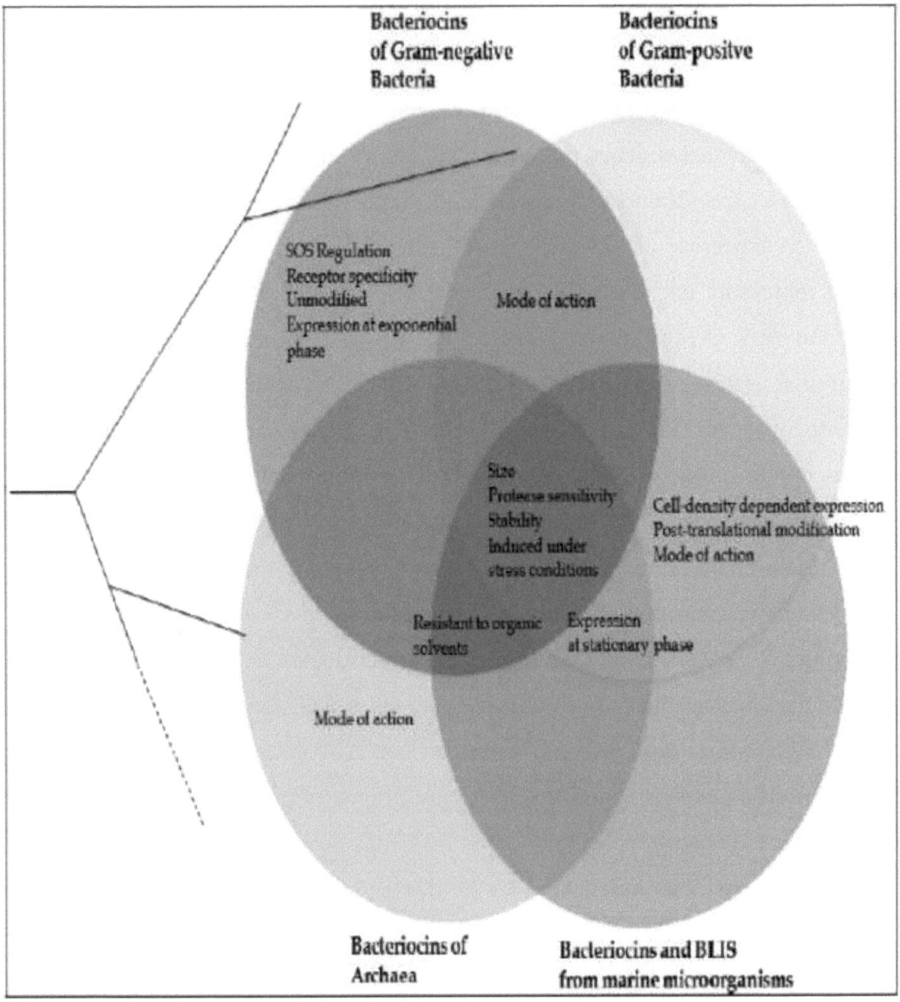

Source: Bakkal *et al.*, 2012

Fig 2.1: Caraterísticas comuns e únicas das bacteriocinas e substâncias inibidoras semelhantes a bacteriocinas de bactérias terrestres, bactérias marinhas e Achaea

2.6.2 Imunidade às bacteriocinas

A forma como a célula que sintetiza a bacteriocina desenvolve resistência a este produto é outro fenómeno que distingue as bacteriocinas dos antibióticos. Os genes que codificam as "proteínas da imunidade" estão em estreita proximidade genética com outros genes estruturais e de processamento da bacteriocina (Siegers e Entian, 1995). É comum que o gene estrutural da bacteriocina e o gene da imunidade estejam localizados no mesmo operão e, frequentemente, um ao lado do outro (Nes *et al.*, 1996; Klein e Entian, 1994). Pensou-se inicialmente que a imunidade dos lantibióticos se devia a um gene de imunidade, como o *nisI* para a nisina e o *spaI* para a subtilina, que codificam as proteínas de imunidade NisI e SpaI, respetivamente. Parece, no entanto, que a imunidade a estas bacteriocinas resulta da influência de várias proteínas, uma vez que as deleções de outros genes resultam numa alteração da imunidade do hospedeiro (Klein e Entian, 1994). Por exemplo, as estirpes de *Lactococcus lactis* resistentes à nisina que não produzem nisina não têm os elementos genéticos que codificam a proteína NisI, mas têm sequências semelhantes a nisF, nisE e nisG (Duan *et al.*, 1996). Pensa-se que estas sequências tornam as estirpes resistentes à nisina. A supressão de *nisG* torna as células menos resistentes à nisina. Até à data, não existe uma compreensão clara da forma como as proteínas de imunidade servem para proteger o organismo produtor da sua bacteriocina.

O fenómeno da imunidade é mais simples nos não-lantibióticos; para as bacteriocinas da classe II, um gene codifica a proteína de imunidade; geralmente, trata-se de uma proteína básica com 50 a 150 resíduos de aminoácidos, que se encontra vagamente associada à membrana. A proteína de imunidade da lactococcina A (LcnI) é, de longe, a proteína de imunidade da bacteriocina mais estudada (Nissen-Meyer *et al.*, 1993; Venema *et al.*, 1994, 1995).

2.6.3 Modificações pós-traducionais que resultam numa bacteriocina ativa

Embora tenha sido publicado por vários autores, através dos seus estudos de investigação sobre bacteriocinas, que estas são sintetizadas por via ribossómica, o transcrito resultante tem por vezes de ser modificado antes de se tornar ativo. Os genes que codificam as enzimas que facilitam as modificações estão normalmente muito próximos do gene estrutural. Os lantibióticos sofrem as modificações mais extensas. LanB, uma proteína que atravessa a membrana, é transcrita pelos produtores de lantibióticos e modifica enzimaticamente a bacteriocina antes de ser transportada para fora da célula (Engelke *et al.*, 1992). LanC também participa na formação de ligações tioéter nos lantibióticos (Kupke e Gotz, 1996). Uma caraterística da síntese de lantibióticos é a presença de um péptido líder N-terminal, seguido de um pró-peptídeo C-terminal. Pensou-se inicialmente que o péptido líder servia como local de reconhecimento para as enzimas envolvidas na modificação pós-traducional (Kupke e Gotz, 1996). A extensa modificação pós-traducional dos lantibióticos inclui a formação de vários aminoácidos invulgares. Ingram (1969, 1970) propôs que a serina e a treonina são modificadas em desidroalanina e desidrobutirina, respetivamente, e que estes aminoácidos servem de precursores da lantionina e da metillantionina. No total, encontram-se mais de uma dúzia de aminoácidos invulgares nos lantibióticos (Kupke e Gotz 1996).

Os pré-peptídeos não antibióticos também são modificados por clivagem da sequência líder (Diep *et al.*, 1996; Ehrmann *et al.*, 2000); estas modificações são necessárias para a secreção e o transporte através da membrana celular, de modo a poderem ser libertados como metabolito excretor extracelular, inibindo o crescimento de espécies de organismos ou células estreitamente relacionadas no mesmo nicho ecológico.

2.7 Transporte de bacteriocinas através da membrana celular

As bacteriocinas são produzidas no interior das células dos microrganismos e libertadas para o seu ambiente imediato através da transferência entre membranas. A maioria das bacteriocinas é translocada para fora da célula por um sistema de transporte ABC específico. As únicas excepções são as poucas bacteriocinas de classe II que são externalizadas pelo sistema sec-dependente. As bacteriocinas que dependem dos transportadores ABC podem ser divididas em dois grandes grupos: bacteriocinas com um líder duplo de glicina e bacteriocinas com um líder diferente, mas não um líder sec. As bacteriocinas com duplo líder de glicina encontram-se principalmente entre as bacteriocinas da classe II, mas também incluem alguns lantibióticos (Havarstein *et al.*, 1994; Nes *et al.*, 1996). Estas bacteriocinas são segregadas por uma forma única de transportadores ABC, que possuem um líder N-terminal de aproximadamente 150 resíduos de aminoácidos que exercem uma atividade proteolítica específica que cliva o líder duplo de glicina. Concomitantemente com a secreção, este transportador ABC específico cliva o líder, activando assim a bacteriocina; no entanto, é necessária uma proteína acessória neste processo de secreção (Franke *et al.*, 1996). Os transportadores ABC que segregam lantiobióticos com diferentes tipos de líderes não possuem atividade proteolítica N-terminal e a remoção do líder é efectuada por uma protease específica, como a NisP no sistema da nisina.

2.8 Modo de ação das bacteriocinas

A principal função das bacteriocinas e dos péptidos semelhantes às bacteriocinas é inibir o crescimento de organismos alvo ou susceptíveis; esta função é executada através de modos de ação específicos. As bacteriocinas, em especial os lantibióticos, inibem as células-alvo através da formação de poros na membrana, esgotando o potencial transmembranar e/ou o gradiente de pH, o que resulta na fuga de materiais celulares. Os primeiros estudos sugerem que, para que a nisina forme poros, as células-alvo necessitam de um potencial transmembranar negativo (no interior) e de uma alteração do potencial iónico de hidrogénio (pH) no interior alcalino (Okereke e Montville, 1992). As bacteriocinas são moléculas carregadas positivamente com manchas hidrofóbicas; pensa-se que as interações electrostáticas com grupos fosfato carregados negativamente nas membranas das células alvo contribuem para a ligação inicial à membrana alvo (Chen *et al.*, 1997a,b). A associação de manchas hidrofóbicas de bacteriocinas com a membrana hidrofóbica também foi modelada utilizando simulação por computador para prever a interação mais favorável (Lins *et al.*, 1999). Presume-se que a porção hidrofóbica se insere na membrana, formando poros (Ojcius e Young, 1991; Driessen *et al.*, 1995). No caso de outros péptidos catiónicos do tipo bacteriocina estudados, a concentração de péptido necessária para provocar a despolarização da membrana nem sempre corresponde à concentração inibitória mínima (CIM) e não provoca necessariamente a morte celular (Friedrich *et al.*, 2000). A partir da análise da interação de várias bacteriocinas com a membrana da célula-alvo, pode deduzir-se que a sua entrada na célula pode ser necessária para aceder a outros alvos, como o ADN, o ARN, as enzimas e outros locais para matar a célula-alvo. Há provas de que alguns membros da bacteriocina de classe II inibem efetivamente a formação de septos em bactérias susceptíveis (Martinez *et al.*, 2000). Uma vez que as bacteriocinas não actuam da mesma forma contra as espécies-alvo, os investigadores examinaram a afinidade das bacteriocinas com espécies e estirpes específicas. A composição fosfolipídica das estirpes alvo e o pH ambiental influenciam os valores de CIM (Chen *et al.*, 1997a, b). Em vez da formação de poros ocorrer indiscriminadamente, parece que as moléculas de acoplamento na membrana da célula alvo facilitam a interação com a bacteriocina, aumentando assim a eficácia da bacteriocina. Este mecanismo foi claramente demonstrado para a nisina e a mersacidina, que utilizam o lípido II, um precursor do peptidoglicano, como molécula de acoplamento (Breukink *et al.*, 1999; Brotz *et al.*, 1998a, b). A mersacidina inibe correspondentemente a síntese de peptidoglicano, ao passo que o principal modo de ação da nisina é a formação de poros que resultam na fuga de materiais celulares. É interessante notar que o lípido II é também o local de reconhecimento do antibiótico vancomicina. No entanto, a interação específica com o lípido II é diferente para as diferentes moléculas. *O Enterococcus faecium* resistente à vancomicina continua a ser sensível à mersacidina (Brotz *et al.*, 1998b). Além disso, o lípido II pode ser considerado um alvo para a vancomicina, ao passo que é uma molécula de acoplamento para a nisina, uma vez que a vancomicina actua inibindo a síntese do peptidoglicano. No entanto, não se ligam à mesma parte da molécula de lípido II (Breukink *et al.*, 1999).

Outras bacteriocinas também interagem com sítios específicos nas membranas das células-alvo, que podem ser proteínas (Chikindas *et al.*, 1993; van Belkum *et al.*, 1991). Embora esta interação possa aumentar a eficácia da bacteriocina in vivo, pode não ser um requisito para a atividade em vesículas artificiais (Chen *et al.*, 1997a, b). Tanto a pediocina PA1 como a lactococina A formam poros independentes da voltagem (Chikindas *et al.*, 1993; van Belkum *et al.*, 1991). A lactococina A permeabiliza vesículas produzidas a partir de células susceptíveis, enquanto os lipossomas produzidos a partir das mesmas células não são afectados. Isto sugere que é necessária uma entidade semelhante a um recetor na superfície celular da célula alvo para a atividade inibidora da bacteriocina e das moléculas semelhantes à bacteriocina (van Belkum *et al.*, 1991; Moll *et al.*, 1998, 1999).

2.9 Mecanismos de resistência às bacteriocinas

Após a descoberta de uma bacteriocina nova, segura e eficaz ou de um metabolito extracelular semelhante a uma bacteriocina, é fundamental assegurar a sua eficiência e garantir a longevidade da sua utilização, impedindo a proliferação de células microbianas resistentes. As células já apresentam resistência a vários antibióticos e a transferência de resistência entre organismos tem sido documentada. Embora as bacteriocinas não sejam antibióticos, existe a preocupação de que a exposição às bacteriocinas torne as células mais resistentes aos antibióticos. Um estudo sobre a resistência das células às bacteriocinas, utilizando a nisina como exemplo, demonstrou que os antibióticos e a nisina têm modos de ação diferentes e que a exposição à nisina não tem qualquer efeito sobre a frequência da resistência da *Listeria monocytogenes* Scott A à ampicilina e ao cloranfenicol (Tchikindas *et al.*, 2000). Noutro estudo, várias bactérias multirresistentes foram submetidas a uma dose máxima de 400 UI/ml de nisina e estes organismos permaneceram sensíveis à nisina (Severina *et al.*, 1998). Também foi registada resistência cruzada entre a nisina e 33 outros antimicrobianos, e verificou-se que *o Staphylococcus aureus* resistente à penicilina era 50 vezes mais sensível à nisina do que a sua estirpe sensível (Szybalski, 1953). Para além das bacteriocinas, outros péptidos catiónicos são activos contra organismos resistentes a antibióticos, como o *S. aureus* resistente à meticilina e *o S. haemolyticus* resistente à vancomicina (Friedrich *et al.*, 2000). A resistência aos antibióticos está geralmente associada a um determinante genético, facilitando a transferência de resistência entre células, estirpes e espécies. Ao contrário da maioria das resistências aos antibióticos, a resistência às bacteriocinas resulta geralmente de uma alteração fisiológica na membrana da célula-alvo, limitando assim a possibilidade de transferência geracional dessa resistência (Crandall e Montville, 1998; Mazzotta *et al.*, 1997; Ming e Daeschel, 1993). No caso da *L. monocytogenes*, uma membrana mais rígida (normalmente com um rácio C15:C17 mais baixo) resulta numa maior tolerância à bacteriocina (Mazzotta *et al.*, 1997). Ming e Daeschel (1993) também descobriram que *a L. monocytogenes* resistente à bacteriocina tem quantidades reduzidas de fosfatidilglicerol, difosfatidilglicerol e bifosfatidilglicerilfosfato. Embora a maior parte da investigação mostre que uma alteração na composição da membrana celular é responsável pela resistência, alguns mutantes produzem enzimas que degradam a bacteriocina (Jarvis, 1967; Gravesen *et al.*, 2000).

Num outro estudo sobre a mesentericina Y105, uma bacteriocina bactericida, os mutantes de transposão resistentes à bacteriocina resultaram da inserção do transposão num gene (rpoN) que codifica um fator putativo (Robichon *et al.*, 1997). No entanto, numa avaliação geral, existem relatórios contraditórios quanto ao facto de a resistência às bacteriocinas ser geneticamente codificada ou ocorrer em resultado de adaptações não genéticas (Mazzotta *et al.*, 1997; Song e Richard, 1997; Crandall e Montville, 1998; Rasch e Knochel, 1998).

2.10 Toxicidade das bacteriocinas

Para garantir a utilização segura da bacteriocina produzida em aplicações clínicas e na produção alimentar, é imperativo avaliar a segurança desse metabolito. No que respeita à utilização humana, as bacteriocinas de bactérias do ácido lático são as mais consumidas há séculos (U.S. Food and Drug Administration, 1988). Estudos de toxicidade aguda, subcrónica e crónica, bem como estudos de reprodução, sensibilização, *in vitro* e de resistência cruzada têm sido utilizados até agora para determinar a segurança das bacteriocinas para utilização em grande escala. Frazer *et al.* (1962) efectuaram muitos estudos, incluindo o exame de ratos e porquinhos-da-índia, com base nos quais foi formulada a recomendação de algumas bacteriocinas. Alguns dos testes de despistagem para estabelecer a segurança das bacteriocinas centram-se no impacto da bacteriocina na microflora residente e na potência residual dessa bacteriocina; os resultados destes testes sobre as bacteriocinas contrastam com a potência prolongada dos antibióticos convencionais após a aplicação (Claypool *et al.*, 1966).

2.11 Bacteriocinas identificadas produzidas por *Bacillus subtilis* e *Pseudomonas aeruginosa*

Nas espécies de um único género de bactérias, são produzidas dezenas ou mesmo centenas de tipos diferentes de bacteriocinas e metabolitos inibitórios semelhantes a bacteriocinas (James *et al.* 2002). Até à data, algumas bacteriocinas e metabolitos inibidores semelhantes a bacteriocinas foram purificados e caracterizados a partir dos metabolitos excretórios de estirpes de *B. subtilis* e *P. aeruginosa.*

Os membros do género *Bacillus* são considerados bons produtores de substâncias antimicrobianas (Stein, 2005). A produção de substâncias antimicrobianas e a capacidade de esporulação conferem às estirpes *de Bacillus* uma dupla vantagem em termos da sua sobrevivência em diferentes habitats. *A subtilina* é o lantibiótico paradigmático produzido por *B. subtilis.* A subtilina é um péptido antimicrobiano catiónico e pentacíclico que pertence aos lantibióticos do tipo A (Gross *et al.*, 1973; Sahl e Bierbaum, 1998; Guder *et al.*, 2000). A massa molecular da subtilina, revelada por dessorção/ionização por laser assistida por matriz (MALDI-TOF), é de 3319,56 Da (Siezen *et al.*, 1996; Stein, 2008). A investigação sobre este metabolito excretor antimicrobiano mostra que a subtilina é produzida como uma resposta adaptativa a alterações no ambiente, como a diminuição dos níveis de nutrientes, permitindo que a célula beneficie da melhor forma dos recursos disponíveis. A subtilina apresenta uma atividade bactericida baseada na formação de poros na membrana citoplasmática, utilizando precursores da parede celular como o lípido II e o undecaprenil pirofosfato. Utiliza o módulo transportador hidrofóbico para monómeros de peptidoglicano como módulo de acoplamento e como constituinte central do poro (Breukink *et al.*, 2003; Bonev *et al.*, 2004; Hsu *et al.*, 2004). A subtilina provoca a dissipação da força motriz dos protões transmembranares em resultado da formação de poros e apresenta uma atividade antimicrobiana na gama nanomolar contra um amplo espetro de bactérias (Breukink *et al.*, 2003; Bonev *et al.*, 2004).

Chan *et al.* (1993) relataram uma variante da subtilina (subtilina B) produzida por *B. subtilis* ATCC 6633 que tinha uma atividade antibacteriana reduzida devido a uma succinilação pós-tradução do grupo amino do resíduo de triptofano N-terminal. A massa molecular da subtilina B, conforme revelado por MALDI-TOF, foi de 3419,58 Da (Stein, 2008). A Ericina S (3442 Da) e a ericina A (2986 Da) são dois lantibióticos relacionados produzidos por *B. subtilis* A1/3 com fortes semelhanças com a subtilina (Stein *et al.*, 2002). A sublancina 168 (3877,78 Da) é um lantibiótico codificado cromossomicamente produzido por *B. subtilis* 168 (Paik *et al.*, 1998); contém uma única ligação de lantionina e duas pontes dissulfureto, este lantibiótico apresenta atividade bactericida contra outras bactérias Gram-positivas, incluindo agentes patogénicos importantes como *B. cereus*, *Streptococcus pyogenes* e *Staphylococcus aureus* (Paik *et al.*, 1998; Stein, 2005).

Com base na sua estrutura e modo de ação, as piocinas, as bacteriocinas até agora isoladas de *Pseudomonas aeruginosa,* podem ser classificadas em três famílias diferentes: as piocinas-S solúveis e as piocinas-F e R de elevado peso molecular. As S-piocinas são semelhantes às colicinas de *Escherichia coli* e causam a morte celular através das suas actividades de endonuclease ou de formação de poros (Michel-Briand e Baysse, 2002; Parret e De Mot, 2002). Em contrapartida, as F-piocinas flexíveis e as R-piocinas em forma de bastonete estão genética e morfologicamente relacionadas com os bacteriófagos lambda e P2, respetivamente (Nakayama *et al.,* 2000); no entanto, ao contrário dos bacteriófagos, estas piocinas não têm uma estrutura de cabeça de fago, não contêm ADN e, por conseguinte, não são replicativas.

As R-piocinas matam bactérias susceptíveis ligando-se à superfície celular, contraindo a sua bainha e inserindo a sua estrutura central através do invólucro celular, o que resulta na lise da célula alvo devido à despolarização da membrana citoplasmática (Uratani e Hoshino, 1984). A expressão de R-, F-, e S-piocinas é regulada positiva e negativamente pelas proteínas PrtN e PrtR, respetivamente, que podem ser activadas quando uma célula bacteriana é exposta a agentes que danificam o ADN (Matsui *et al.,* 1993). Recentemente, tem-se verificado um interesse nas R-piocinas como agentes bactericidas específicos. A sua especificidade, mediada pela estrutura da fibra da cauda, foi explorada para construir novas R-piocinas com diferentes espectros-alvo (Williams *et al.,* 2008). A eficácia terapêutica das R-piocinas modificadas foi demonstrada *in vivo* num modelo de rato de peritonite *por P. aeruginosa* (Scholl e

Martin Jr., 2008) e exogenamente, utilizando produtos alimentares contaminados por *E. coli* O157:H7 (Scholl *et al.*, 2009).

Até à data, foram descritos cinco tipos diferentes de R-piocinas com base nas suas actividades assassinas e, mais recentemente, com base numa comparação das sequências de aminoácidos da proteína da fibra da cauda (Williams *et al.*, 2008). No entanto, foi proposto que o núcleo do lipopolissacárido (LPS) das bactérias contém os sítios de reconhecimento específicos das R-piocinas. Foi também demonstrado que as moléculas de LPS purificadas ligam moléculas de piocina (Fyfe *et al.*, 1984). As piocinas, em especial as potentes R-piocinas e outras formas de piocinas, poderiam constituir uma nova abordagem para o tratamento específico de infecções de outro modo difíceis de tratar causadas por estirpes multirresistentes.

Estas bacteriocinas destacadas são as poucas bacteriocinas microbianas extracelulares caracterizadas produzidas por *Bacillus subtilis* e *pseudomonas aeruginosa*, no entanto, estas espécies de bactérias produziram numerosos metabolitos extracelulares semelhantes a bacteriocinas que ainda não foram completamente caracterizados (James *et al.*, 2002).

CAPÍTULO TRÊS
3.0 MATERIAIS E MÉTODOS

3.1 Isolamento de *Bacillus* e *Pseudomonas* do solo

Para isolar as espécies de *Bacillus*, aproximadamente 1 g de amostra de solo (em cada caso) foi colocado em 5 mL de água destilada e agitado vigorosamente em vórtex para dissolver as partículas. Em seguida, a amostra de solo foi fervida durante 10 minutos em banho-maria e deixada arrefecer. Foram efectuadas diluições de dez, cem, mil e dez mil vezes das amostras de solo ressuspensas e 0,1 mL de cada amostra, incluindo a solução não diluída, foi colocada em placas de ágar nutriente utilizando o método da placa de descarga. As placas foram então incubadas durante a noite a 37 °C (Baby *et. al.,* 2003; Okulate, 2009). Após a incubação, as colónias isoladas foram identificadas através da morfologia das colónias e da caraterização bioquímica. Do mesmo modo, as amostras de solo foram inoculadas em ágar nutriente para isolamento de *Pseudomonas* e incubadas a 37 °C.

3.2 Rastreio primário da produção de metabolitos semelhantes a bacteriocinas por espécies de *Bacillus* e *Pseudomonas*

3.2.1 a Ensaio de Agar Spot

As culturas puras de isolados bacterianos foram cultivadas em 5 ml de caldo nutriente a 37° C durante 24 horas. Alíquotas (2 µl) da cultura são espalhadas em placas de ágar contendo 10 ml de meio nutriente. Após 18 horas a 30°C, as placas foram cobertas com 5ml de ágar macio apropriado (0,7% ágar) inoculado com a suspensão de células da estirpe indicadora de teste (Kilic *et al*., 1996). As placas foram então incubadas a 37°C durante 24-72 horas. A inibição contra o organismo indicador foi medida e considerada positiva se a zona tiver (ou for maior que) 2 mm de diâmetro em cada condição de teste.

3.2.2 b Ensaio de sobreposição de facadas

Juntamente com o teste de ensaio de pontos em ágar, foi também efectuado um ensaio de sobreposição de punhaladas para alguns dos isolados, especialmente os que apresentaram inibição negativa com o procedimento de ensaio de pontos em ágar, como teste de rastreio adicional. As culturas com vinte e quatro horas de idade dos isolados selecionados para a produção potencial de metabolitos semelhantes a bacteriocinas foram esfaqueadas numa placa de ágar nutriente e incubadas a 37 °C durante 24 horas. Após a incubação, as colónias na área apunhalada foram raspadas e as placas foram expostas a vapor de clorofórmio durante 15 minutos, tendo-se deixado evaporar o vapor de clorofórmio residual. Em seguida, misturou-se adequadamente o ágar macio adequado com uma cultura de 24 horas do organismo indicador e verteu-se sobre a placa esfaqueada, incubando-a durante 24 horas a 37 °C. Após a incubação, as placas foram examinadas para verificar a existência de zonas de inibição à volta da área esfaqueada (Pinchuk *et. al.,* 2001).

3.3 Rastreio secundário da produção de metabolitos semelhantes a bacteriocinas por espécies de *Bacillus* e *Pseudomonas*

3.3.1 Determinação do efeito antimicrobiano de Bacillus e BLEMs de Pseudomonas em isolados de um nicho ecológico semelhante

A atividade antimicrobiana dos metabolitos das espécies selecionadas de *Pseudomonas* e *Bacillus* contra outros organismos isolados de um nicho ecológico semelhante foi determinada utilizando colónias de amostras de solo (das quais os organismos produtores foram isolados, bem como amostras de solo em torno do mesmo local) e o espetro de inibição foi registado como percentagem do total de isolados testados (Brown *et al.,* 2009; Riley, 2011).

3.3.2 Inibição de espécies estreitamente relacionadas

Para estabelecer ainda mais a produção de metabolitos inibitórios semelhantes a bacteriocinas pelas espécies de *Pseudomonas* e *Bacillus*, a sua atividade inibitória foi confirmada contra espécies estreitamente relacionadas, utilizando organismos do mesmo género. Estes indicadores de teste incluíram *P. fluorescence,* a estirpe ATCC de *P. aeruginosa* e *Pseudomonas putida* para a estirpe *de Pseudomonas*; *B. macerans, B. subtilis* e *B. cereus* para a estirpe *de Bacillus* isolada (Riley *et al.,* 2003; Tagg *et al.,* 1976).

3.4 Identificação dos isolados

Os isolados foram identificados utilizando avaliações fenotípicas macroscópicas e microscópicas, bem como os seguintes testes bioquímicos; Coloração de Gram e esporos, Catalase, Oxidase, Coagulase, Urease, Indole, Vermelho de metilo, Voges-proskauer, Caesina, Citrato e testes de produção de H_2S, Hidrólise de gelatina, Hidrólise de amido, Testes de utilização de Frutose, Sacarose, Lactose, Manitol, Arabinose, Xilose, Dulcitol, Rafinose, Glicose, Maltose, Adonitol e Sacarose (Olutiola *et al.*, 1991).

3.4.1 Coloração de Gram

Foram preparados esfregaços fixados termicamente de uma cultura com 24 horas de idade em lâminas com a ajuda de uma ansa de inoculação esterilizada. O esfregaço foi corado com violeta de cristal, a coloração primária, durante 1 minuto. O violeta de cristal foi retirado e lavado suavemente com água corrente. Cada esfregaço fixado pelo calor foi então inundado com iodo de Gram durante 1 minuto (funcionando como mordente) e depois enxaguado com água. De seguida, as lâminas foram descolorizadas com etanol a 95%, enxaguadas com água e contra-coradas com safranina durante 30-60 segundos. Finalmente, as lâminas foram lavadas com água, secas com papel absorvente e examinadas com uma lente objetiva de imersão em óleo. As células bacterianas Gram positivas são coradas a púrpura, enquanto as células Gram negativas são coradas a rosa.

3.4.2 Coloração de esporos

Os esfregaços das culturas a testar para a deteção de endosporos foram fixados pelo calor em lâminas limpas, cobertos com um pedaço de papel absorvente e colocados num suporte em anel. O papel foi saturado com verde de malaquite e vaporizado. A lâmina foi mantida a vapor durante alguns minutos e, quando o papel começou a secar, foram adicionadas gotas de verde de malaquite ao papel adsorvente para o manter húmido. O papel foi retirado e a lâmina foi lavada com água abundante. Em seguida, as lâminas foram escorridas e contra-coradas durante 45 segundos com safranina a 0,5%. As lâminas foram então lavadas e examinadas para detetar a presença de endosporos. As células vegetativas aparecem a vermelho, enquanto os esporos aparecem a verde.

3.4.3 Ensaio da catalase

Uma alçada de uma cultura com 24 horas de idade foi emulsionada com uma solução de peróxido de hidrogénio a 3% recentemente preparada numa lâmina limpa. Examinou-se a formação de bolhas de oxigénio. A presença de bolhas de oxigénio indica uma reação positiva da catalase, enquanto a ausência de bolhas de oxigénio indica uma reação negativa da catalase.

$$2H_2O_2 \longrightarrow 2H_2O + O_2$$

3.4.4 Teste da oxidase

Colocaram-se algumas gotas de uma solução aquosa a 1% de cloreto de hidrogénio de tetrametil-p-fenilenodiamina num pedaço de papel de filtro Whatman número 1 numa placa de Petri, com a ansa de inoculação, espalhou-se uma cultura bacteriana com 24 horas de idade sobre o papel de filtro impregnado e observou-se a coloração púrpura. Uma coloração púrpura produzida dentro de 5 a 10 segundos indica um teste de cultura positivo, enquanto uma coloração púrpura positiva retardada dentro de 10 a 16 segundos é considerada um resultado negativo

3.4.5 Teste da urase

Foi adicionada uma solução de ureia a 20%, previamente esterilizada, a um meio basal esterilizado (peptona, NaCl, KH_2PO_4, glucose, ágar e vermelho de fenol) para obter uma concentração final de 2% de ureia. A preparação foi distribuída em frascos e deixada a assentar em placas. Em seguida, os organismos são semeados sobre a superfície do meio preparado e incubados à temperatura ambiente; este processo foi examinado diariamente (durante 7 dias) para verificar a produção de álcali a partir da hidrólise da ureia (manifestação de cor vermelha).

3.4.6 Produção de indol

O reagente de indol de Kovac, que consiste em 10 g de para-dimetil amino benzaldeído, 150 ml de álcool amílico puro e 50 ml de ácido clorídrico, foi utilizado para detetar a presença de indol na cultura em caldo de triptona do organismo testado. Os tubos de ensaio contendo água de triptona foram esterilizados e inoculados com o organismo testado, um tubo foi deixado sem inoculação como controlo, todos eles foram incubados durante 5 -7 dias a 37⁰C. Após a incubação, adicionou-se 0,5 ml de reagente de Kovac a cada tubo, agitou-se suavemente e deixou-se repousar. Uma cor vermelha intensa indica a presença de indol que se separa na camada de álcool.

3.4.7 Ensaio de metil-vermelho-voges proskauer (MRVP)

Vinte mililitros de caldo MRVP, composto por Dextrose (0,5 g), KH2PO4 (0,5 g) e Peptona (0,5 g) em 100 ml de água destilada, foram colocados em tubos de ensaio. Os tubos de ensaio foram tapados com algodão e esterilizados em autoclave a 121 °C e 1,05kg cm^{-2} durante 15 minutos. Foi inoculado com o isolado e depois incubado a 37°C durante 5 dias. Após a incubação, o conteúdo de cada tubo foi dividido em dois, um identificado como M e o outro como V. Foram adicionadas cinco gotas de solução de vermelho de metilo a M e examinada a mudança de cor . A cor vermelha indica uma reação positiva e a cor amarela indica uma reação negativa. Para M, foram adicionados 0,5 ml de alfa naftol a 6% e 0,5 ml de KOH a 1 ml de cultura V. Os tubos foram agitados e observou-se a mudança de cor. O desenvolvimento de cor rosa no meio, em 30 minutos, indica uma reação positiva.

3.4.8 Hidrólise da caseína

O meio de caseína, que consiste em ágar-leite (ágar nutriente com 10% de leite desnatado), foi autoclavado a 1,05 kg cm^{-2}. O meio foi vertido em placas de Petri estéreis e deixado arrefecer e endurecer; em seguida, foi inoculado por estrias uma vez em toda a superfície do meio e incubado a 37⁰C durante 24 horas. As zonas claras à volta da superfície estriada indicam a hidrólise da caseína.

3.4.9 Utilização de citrato como única fonte de carbono

O meio de citrato de Simmon é composto por 1 g de di-hidrogenofosfato de amónio, 1 g de fosfato dipotássico, 0,20 g de sulfato de magnésio, 2 g de citrato de sódio, 0,080 g de azul de bromotimol e 15 g de ágar em 1000 ml de água destilada. O meio foi esterilizado, deixado arrefecer e vertido para uma placa de Petri esterilizada. O meio foi inoculado com uma cultura com 24 horas de idade, incubado a 37⁰C durante 5 dias e depois examinado quanto à mudança de cor. Uma mudança no indicador de verde para azul indica a utilização de citrato.

3.4.10 Ensaio de produção de H_2S

O caldo de cisteína foi preparado com uma mistura de caldo nutriente e cisteína a 0,01%, tendo sido inoculado com os isolados bacterianos e uma tira de papel de acetato de chumbo pré-esterilizada colocada imediatamente acima do meio, tendo a preparação sido depois incubada a 37 ^{0}C durante 3 dias. O escurecimento das tiras de papel indica a libertação de sulfureto de hidrogénio da cultura em caldo. Os resultados negativos foram posteriormente tratados com 0,5 ml de ácido clorídrico 2N (substituindo imediatamente a tira e o tampão) para libertar o eventual H_2S retido no caldo.

3.4.11 Hidrólise da gelatina

O meio de cultura constituído por caldo nutritivo e gelatina a 10% foi distribuído em tubos de ensaio e esterilizado por autoclavagem a 1,05 kgcm^{-2} durante 15 minutos. Os tubos foram incubados com uma cultura de 24 horas e um tubo de controlo não foi inoculado, tendo sido incubados a 37^{0}C durante 5 dias. Após a incubação, os tubos de ensaio foram refrigerados para solidificar qualquer gelatina não desnaturada e foram observados quanto à liquefação. Quando a gelatina é decomposta, perde as suas qualidades gelificantes, pelo que uma cultura positiva desnatura após refrigeração; enquanto uma cultura negativa à liquefação da gelatina mantém as suas qualidades gelificantes.

3.4.12 Hidrólise do amido

O meio de cultura é composto por ágar nutriente e 1% de amido solúvel. O meio foi esterilizado por autoclavagem a 121°C e 1,05 kg cm^{-2} durante 15 minutos. Deitaram-se vinte mililitros do meio em cada placa de Petri, deixou-se assentar e estriou-se com o isolado de teste uma vez em toda a superfície, incubando-se a 37°C durante 5 dias. Após o quinto dia, a superfície da placa foi inundada com iodo de Gram e observou-se a mudança de cor. O amido não hidrolisado forma uma cor azul ou azul-preta com o iodo, enquanto a área de amido hidrolisado aparece como uma zona clara.

3.4.13 Fermentação de açúcares

Os açúcares utilizados foram a frutose, a sacarose, a lactose, o manitol, a arabinose, a xilose, o dulcitol, a rafinose, a glucose, a maltose, o adonitol e a sacarose. Cinco mililitros de cada um dos meios preparados, contendo 1,0% de peptona, 0,1% de NaCl, 0,01% de vermelho de fenol e 1,0% de açúcar fermentável, foram colocados em tubos de ensaio. Os tubos de ensaio foram tapados e esterilizados a 121°C e 1,05kg cm^{-2}durante 15 minutos. Cada tubo de ensaio do meio de açúcar foi inoculado com o microrganismo isolado, incubado a 37°C e observado diariamente durante 5 dias. O tubo de ensaio não inoculado para cada amostra de açúcar foi incubado como controlo. A produção de ácido foi determinada por uma mudança na cor do indicador (vermelho de fenol) de vermelho para amarelo.

3.4.14 Teste de motilidade

O meio consistia em ágar nutriente (meia força) que foi distribuído em tubos de ensaio e autoclavado a 1,05 kg cm^{-2} durante 15 minutos. Depois de o meio ter arrefecido e estabilizado à temperatura ambiente, os tubos foram inoculados com o organismo testado e incubados a 37^{0}C durante 48 horas.

O padrão de crescimento foi observado para a motilidade, o crescimento filamentoso longe do ponto de inoculação indica motilidade positiva, enquanto o crescimento apenas no ponto de inoculação indica motilidade negativa.

3.5 Produção e ensaio de atividade do metabolito bruto

O caldo nutriente recentemente preparado (5 g de peptona, 3 g de extrato de carne de bovino e 5 g de NaCl em 1000 ml) foi semeado com 10% (0,5 McFarland de cultura em suspensão salina) de inóculo produtor de metabolitos semelhantes a bacteriocinas (espécies *Bacillus* e *Pseudomonas*) e incubado a 37 °C durante 32 horas com uma incubadora com agitador a 150 ciclos por minuto (Motta e Brandelli, 2002). As células foram colhidas por centrifugação durante 15 minutos a 4 °C e a 10 000 rotações por minuto, utilizando a centrífuga de alta velocidade HITACHI, modelo HIMAC CR21GI, para separar as células dos metabolitos excretórios brutos, e o sobrenadante da cultura (contendo a bacteriocina sem células) foi depois sujeito a análises adicionais.

O método do ensaio de difusão em ágar foi utilizado para determinar a atividade bruta dos metabolitos livres de células (contra o organismo indicador) produzidos por espécies de *Bacillus* e *Pseudomonas* (Motta e Brandelli, 2002). Vinte mililitros de ágar nutriente foram preparados e semeados com o organismo indicador apropriado (0,5 suspensão de organismos McFarland). Em seguida, 80 µl do sobrenadante sem células das espécies de *Bacillus* e *Pseudomonas* foram colocados, em cada caso, num poço de

6 mm perfurado com cortiça do ágar nutriente previamente semeado e incubado a 37^0 C durante 24 horas; este foi depois examinado quanto à zona de inibição.

3.6 Determinação do título do metabolito

Os títulos dos metabolitos inibitórios produzidos foram quantificados pelo método da diluição crítica (utilizando uma preparação semelhante à utilizada no ensaio de atividade), tal como descrito por Schillinger e Lucke (1989). Foram efectuadas duas diluições em série dos metabolitos em solução salina. Uma alíquota de 80 μl de cada diluição foi colocada em poços de ágar nutriente previamente semeados com a cepa indicadora. Estas placas foram então incubadas a 30^0 C durante 24 horas e os diâmetros das zonas de inibição foram medidos. Cada ensaio foi registado como a média de determinações em duplicado. A unidade de atividade antimicrobiana do metabolito foi então definida como o recíproco da diluição mais elevada que mostrava uma inibição de pelo menos 2 mm de diâmetro do relvado indicador e expressa em unidades arbitrárias ou de atividade por ml (AU/ml).

3.7 Purificação parcial de um metabolito semelhante a uma bacteriocina

A purificação parcial da amostra de bacteriocina sem células foi feita por precipitação de proteínas com sulfato de amónio até à saturação de 0% - 70%, seguida de 70% - 90% de saturação. A mistura para cada lote de percentagem de saturação foi agitada continuamente para dissolver completamente o sulfato de amónio e as preparações foram mantidas a 4 °C durante 24 horas, seguidas de centrifugação durante 15 minutos a 4 °C e a 10 000 rotações por minuto, utilizando a mesma centrífuga de alta velocidade utilizada para a produção de metabolitos semelhantes a bacteriocinas em bruto. O precipitado obtido por centrifugação foi recolhido e o sobrenadante tratado para o lote seguinte de precipitação. No final, o precipitado destes lotes foi agrupado e ressuspendido em solução salina tamponada com fosfato 0,01M (pH 7) até ao volume inicial de filtrado de cultura para cada organismo. O ensaio da atividade semelhante à bacteriocina foi efectuado tanto no precipitado como no sobrenadante para determinar qual deles contém realmente a atividade antimicrobiana semelhante à bacteriocina (Jimenez-Diaz *et al.*, 1993).

O sedimento de proteína antimicrobiana precipitado (ressuspenso em tampão fosfato

0,01M, pH 7,0) foi dialisado contra o mesmo tampão a 4°C para posterior purificação e eliminação do sal. A diálise foi efectuada numa membrana tubular de celulose contra 2 litros do mesmo tampão durante 18 horas num tubo de diálise spectrapor número quatro (4) (Jimenez-Diaz *et al.,* 1993).

3.8 Ensaio e determinação da unidade de atividade de metabolitos do tipo bacteriocina parcialmente purificados

Este procedimento foi efectuado como descrito acima.

3.9 Caracterização do metabolito parcialmente purificado

3.9.1 Sensibilidade à temperatura, ao pH, aos tensioactivos e ao quelante

Para determinar o efeito da temperatura na atividade do metabolito semelhante a bacteriocina parcialmente purificado produzido por *Pseudomonas aeruginosa* e *Bacillus subtilis,* alíquotas de 1 ml do metabolito parcialmente purificado foram incubadas a várias temperaturas (30, 40, 50, 60, 70, 80, 90 e 100 °C) durante 15, 30 e 60 minutos. Após a incubação, o metabolito tratado em cada caso foi levado à temperatura ambiente e testado. A percentagem (relativa) de atividade inibitória residual foi determinada pelo método de difusão em poço de ágar.

O efeito do pH sobre os metabolitos semelhantes à bacteriocina parcialmente purificados foi determinado ajustando o pH da bacteriocina parcialmente purificada para 3,0, 4,0, 5,0, 6,0, 7,0, 8,0, 9,0 e 10 utilizando ácido clorídrico (HCl) e hidróxido de sódio (NaOH). O metabolito tratado em cada caso foi incubado durante 2 horas à temperatura ambiente. Os sobrenadantes parcialmente purificados foram então neutralizados a pH 7,0 e toda a preparação foi medida até ao mesmo volume com tampão fosfato antes do ensaio antimicrobiano residual utilizando o ensaio de difusão em poço de ágar (Bogovic-Matijasic *et al*., 1998; Baby *et al.,* 2003).

Para avaliar o efeito dos tensioactivos e do quelante nas actividades inibitórias dos metabolitos parcialmente purificados, foram adicionados 0,1 g/mL de ácido etilenodiaminotetracético (EDTA) e dodecilsulfato de sódio (SDS) às concentrações finais de 10, 20 e 30% (v/v) da solução de metabolitos parcialmente purificados. Do mesmo modo, foi adicionado diretamente Triton X-100 nas concentrações de 10, 20 e 30% (v/v) a cada metabolito parcialmente purificado para determinar o seu efeito nas respectivas actividades inibitórias. Estas preparações foram então incubadas a 25°C durante 60 minutos (Kelly *et al.*, 1996; Ogunbanwo *et al.*, 2003) e testadas quanto à atividade antimicrobiana residual contra organismos indicadores.

Em cada caso de determinação da percentagem de atividade residual, a atividade inibitória do metabolito não tratado (ensaiado à temperatura ambiente e a pH 7) foi medida como inibição de 100%.

3.9.2 Testes de hemólise e hemaglutinação

As propriedades hemolíticas e de hemaglutinação do metabolito tipo bacteriocina parcialmente purificado de ambos os organismos foram verificadas utilizando eritrócitos de ratinho e observadas por inspeção visual em placas de ágar-sangue e tubos de amostra de sangue com hemaglutinação, respetivamente.

3.9.2.1 Teste de hemólise

O meio era constituído por ágar-sangue (ágar nutriente) e 5% de sangue. A base de ágar-sangue foi autoclavada a 1,05 kg cm^{-2} durante 15 minutos, enquanto o sangue de coelho foi colhido assepticamente com uma seringa estéril. Deixou-se arrefecer a base de ágar-sangue até cerca de $45^{0}C$ e adicionou-se assepticamente o sangue. Após mistura suave, o meio foi vertido em placas de Petri estéreis. O meio foi semeado com o precipitado proteico parcialmente purificado dos organismos testados em cada caso e depois incubado a $37^{0}C$ e observado quanto a zonas de hemólise (clareamento). A ausência de zona de hemólise (como seria o caso em ágar sangue não inoculado) foi observada para o teste de hemólise negativo (Olutiola *et al.*, 1991).

3.9.2.2 Teste de hemaglutinação

Para os testes de hemaglutinação, 0,25 ml da bacteriocina parcialmente purificada foi misturado com o mesmo volume de uma suspensão de eritrócitos lavados a 6% (v/v) em solução salina tamponada com fosfato, pH 7. A reação foi inspeccionada visualmente para verificar se havia sedimentação (negativa) ou aglutinação (positiva). A observação foi efectuada em tubos contra um fundo de porcelana branca e foi considerada positiva se a aglutinação ocorresse num período de 10-15 minutos de incubação (Bizani e Brandelli, 2001).

3.10 Efeito da radiação ultra-violeta na produção de metabolitos antimicrobianos

Culturas com quatro horas de idade de cada uma das espécies de *Bacillus* e *Pseudomonas*, (0,5mL) em frascos criogénicos, foram expostas a irradiação ultravioleta num intervalo de tempo de 0 a 10 minutos a 25 ^{0}C. Para comparar o rendimento dos seus metabolitos inibitórios, foram utilizadas culturas em caldo nutriente destes organismos cultivados na ausência de irradiação ultravioleta como controlos (Iwalokun *et al.*, 2006; Saranya e Hemashenpagam, 2013). As culturas foram irradiadas a uma distância de 30 cm de um transiluminador UV de 8W (254nm) num exaustor de fluxo laminar de bancada. A quantidade de metabolito inibitório semelhante à bacteriocina expressa em cada caso foi determinada utilizando o método de difusão em poço de ágar e comparada.

3.11 Modo de ação do metabolito tipo bacteriocina parcialmente purificado

Para mostrar o efeito da atividade do metabolito parcialmente purificado no organismo indicador, o metabolito purificado foi adicionado a 10% (v/v) a uma suspensão de células de 0,5 McFarland do organismo indicador. Após incubação durante 60 minutos, vinte microlitros de cada amostra bacteriana lavada (células indicadoras tratadas e de controlo) foram aplicados uniformemente numa placa ótica de ZnSe, secos durante cerca de 15 minutos e depois analisados por espetroscopia FTIR. O efeito de cada metabolito nas células indicadoras foi determinado através das diferenças observadas na orientação das curvas geradas (Bizani *et al.*, 2005).

3.12 Espectro de atividade

O efeito dos metabolitos inibitórios semelhantes a bacteriocinas produzidos por *B. subtilis* e *P. aeruginosa* em diferentes grupos de microrganismos foi determinado utilizando isolados clínicos e espécies de fungos pós-colheita (deterioração).

3.12.1 Atividade antifúngica de metabolitos semelhantes a bacteriocinas

Para determinar as propriedades antifúngicas dos metabolitos extracelulares semelhantes a bacteriocinas das bactérias produtoras (*B. subtilis* e *P. aeruginosa*) em espécies de fungos patogénicos e de deterioração pós-colheita (adquiridos ao Instituto de Investigação e Formação Agrícola, Ibadan), cortou-se um poço de 6 mm numa placa de ágar dextrose de batata que foi semeada à superfície com a estirpe fúngica indicadora. O metabolito da bactéria produtora em cada caso foi então adicionado ao poço e incubado a 37^{0}C durante 3-5 dias; enquanto a inibição da estirpe do fungo indicador foi observada (diariamente) à volta do poço (Kerr *et al.*,1999).

3.12.2 Inibição de isolados clínicos

As actividades antimicrobianas dos metabolitos semelhantes a bacteriocinas produzidos por espécies de *Bacillus* e *Pseudomonas* em isolados bacterianos clínicos foram determinadas utilizando *Staphylococcus aureus* resistente à meticilina, *Enterococcus faecalis*, *P. aeruginosa* ATCC 29853, *Salmonella typhi* 33458, *E. coli* 35218 e *E. coli* 23218 como indicadores de teste. O ensaio de inibição foi efectuado utilizando o procedimento do poço de ágar e a zona clara (mínimo de 2 mm) à volta do poço foi considerada como inibição contra cada isolado clínico (Motta e Brandelli, 2002).

CAPÍTULO QUATRO

4.0 RESULTADOS

Através do procedimento de isolamento por pré-aquecimento da amostra, foi isolado um total de 23 isolados bacterianos produtores de esporos e uma espécie de *Pseudomonas* termotolerante, todos foram analisados e oito destes isolados foram selecionados e analisados quanto à produção de metabolitos extracelulares antimicrobianos do tipo bacteriocina. Os isolados de Bacillus (SF8 e SF2) e as espécies de *Pseudomonas* (SF4 e BS2) foram selecionados e totalmente identificados. A morfologia da colónia destes isolados foi identificada macroscopicamente, o que inclui a elevação, a forma, a pigmentação, a margem e a superfície. Também foram identificados através das suas propriedades fisiológicas e bioquímicas.

A Pseudomonas aeruginosa SF8 tem uma morfologia rugosa, ligeiramente espalhada e plana com a produção de pigmento azul difusível e, por vezes, as subculturas mostram pigmento difusível esverdeado na placa de ágar nutriente. As espécies de *Pseudomonas* (BS2) cresceram como colónias planas, amarelas claras e lisas com forma irregular. *Bacillus subtilis* SF8 tem uma morfologia de colónia plana, lobada, seca e creme, com protuberâncias ocasionais semelhantes a dedos na placa e esporos sub-terminais microscópicos, ligeiramente distendidos; enquanto *Bacillus macerans* SF2 cresceu como colónias brancas, inteiras e elevadas, que se tornaram irregulares e microscopicamente possuíam esporos distendidos, ovais e sub-terminais.

Todos os isolados são aeróbios, em forma de bastonete, móveis, catalase positivos, indol negativos, fermentadores ou oxidantes de frutose, manitol, dulcitol, rafinose, adonitol e sacarose. Os isolados de Bacillus (SF2 e SF8) produziam esporos, eram gram positivos, hidrolisavam amido, fermentavam arabinose, maltose e glucose, enquanto as espécies de *Pseudomonas* (BS2 e SF4) não produziam esporos, eram gram negativas, oxidase positivas, não fermentavam arabinose, maltose, glucose e não hidrolisavam amido. Dos quatro isolados, apenas a espécie *Pseudomonas* (BS2) é negativa na hidrólise de gelatina e na utilização de xilose, enquanto os outros apresentaram resultados positivos nestes testes. Da mesma forma, apenas *Bacillus subtilis* (SF8), dos quatro isolados, foi positivo em voges-proskauer. Estes resultados são apresentados na Tabela 4.1.

Tabela 4.1: Morfologia e testes bioquímicos dos isolados bacterianos

Isolar o código	Reação de Gram	Coloração de esporos	Morfologia celular	Motilidade	Catalase	Oxidase	Urease	Indole	Vermelho de metilo	Voges-proskauer	Hidrólise da gelatina	Hidrólise do amido	Hidrólise da caseína	Utilização de citratos	Produção de H_2S	Respiração	Frutose	Sacarose
BS2	-	-	Vara	+	+	+	+	-	-	-	-	-	+	+	-	a	+	-
SF2	+	+	Vara	+	+	+	-	-	-	-	+	+	-	-	-	a	+	+
SF4	-	-	Vara	+	+	+	+	-	-	-	+	-	+	+	-	a	+	-
SF8	+	+	Vara	+	+	-	-	-	-	+	+	+	-	+	-	a	+	+

Legenda: (+) = REACÇÃO POSITIVA (-) = REACÇÃO NEGATIVA
(a) = AERÓBICA

(continuação)

Isolar o código	Lactose	Manitol	Arabinose	Xilose	Dulcitol	Rafinose	Glicose	Maltose	Aldonitol	Sacarose	Identidade provável
BS2	-	+	-	-	+	+	-	-	+	+	*Pseudomonas fluorescens*
SF2	+	+	+	+	+	+	+	+	+	+	*Bacillus macerans*
SF4	-	+	-	+	+	+	-	-	+	+	*Pseudomonas aeruginosa*
SF8	-	+	+	+	+	+	+	+	+	+	*Bacillus subtilis*

Legenda: (+) = REACÇÃO POSITIVA (-) = REACÇÃO NEGATIVA
(a) = AERÓBICA

Dos isolados analisados, *Bacillus subtilis* SF8 e *Pseudomonas aeruginosa* SF4 foram selecionados como produtores primários de metabolitos antimicrobianos. O rastreio secundário para a produção de metabolitos semelhantes a bacteriocinas revelou que *Bacillus subtilis* SF8 e *Pseudomonas aeruginosa* SF4 produziram metabolitos extracelulares inibitórios para 57% e 71% dos organismos do mesmo nicho ecológico, respetivamente. Como se pode ver no quadro 4.2, o metabolito extracelular sem células de *B. subtilis* SF8 (pH 6,8) inibiu o crescimento de estirpes estreitamente relacionadas; *Bacillus cereus, B. subtilis* SC1 e *Bacillus macerans* SF2 com zonas de inibição de 10, 11 e 12 mm, respetivamente, enquanto o metabolito de *Pseudomonas aeruginosa* SF4 (pH 7,3) inibiu o crescimento de *Pseudomonas aeruginosa* ATCC 29853 e *P. fluorescence* BS2 com zonas de 8 mm e 16 mm, respetivamente. Em resultado disto, *Bacillus macerans* SF2 e *Pseudomonas fluorescence* BS2 foram selecionados como organismos indicadores para testes subsequentes dos metabolitos extracelulares semelhantes a bacteriocinas produzidos por *B. subtilis* SF8 e *Pseudomonas aeruginosa* SF4, respetivamente.A análise inibitória do metabolito excretor do caldo de células inteiras e do sobrenadante livre de cultura de *B. subtilis* SF8 *e P. aeruginosa* SF4 revelou que as zonas de inibição das estirpes indicadoras em ambos os casos de caldo de células inteiras e sobrenadante livre de cultura eram relativamente semelhantes. Foram registadas zonas de inibição médias de 12 e 11,5 mm (contra a estirpe indicadora) para o caldo de células inteiras e o sobrenadante sem cultura de *B. subtilis* SF8, respetivamente, enquanto as zonas de inibição médias registadas para o caldo de células inteiras e o sobrenadante sem cultura de *P. aeruginosa* SF4 foram de 16 e 17 mm, respetivamente.O quadro 4.3 apresenta a unidade de atividade por mililitro do metabolito excretor tipo bacteriocina bruto, isento de células, e do metabolito parcialmente purificado. A atividade inibitória foi detectada, após purificação parcial, apenas no precipitado de sal e não no sobrenadante. A atividade do metabolito inibitório de *B. subtilis* SF8 aumentou de 640 para 760 AU/ml após a purificação, enquanto se observou um melhor incremento para o metabolito excretor de *P. aeruginosa* SF4, uma vez que a sua unidade de atividade inibitória aumentou de 1536 AU/ml (metabolito bruto) para 2048 AU/ml (metabolito parcialmente purificado).

Quadro 4.2: Rastreio de isolados bacterianos para a produção de metabolitos extracelulares do tipo bacteriocina (BLEM)

Estirpes do produtor BLEM	Estirpe indicadora/Zona de inibição (mm)					
	P. fluorescência BS2	*P. putida*	*P. aeruginosa ATCC9853*	*B. macerans* SF2	*B. cereus* SF4	*B. subtilis SC1*
B. subtilis SF8	0	0	7	12	11	11
P. aeruginosa SF4	18	12	8	0	0	0

Tabela 4.3: Unidades de atividade dos metabolitos do tipo bacteriocina brutos e parcialmente purificados produzidos por *B. subtilis SF8* e *P. aeruginosa SF4*

Estirpes do produtor BLEM	Bruto (AU/mL)	Parcialmente purificado (AU/mL)
B. subtilisSF8	640	768
P. aeruginosa SF4	1536	2048

A análise do efeito da temperatura na estabilidade das actividades inibitórias de metabolitos extracelulares semelhantes a bacteriocinas de *B. subtilis* SF8 *e P. aeruginosa* SF4 mostrou que estes metabolitos eram relativamente termoestáveis, uma vez que as suas actividades residuais não eram estatisticamente diferentes, mesmo a temperaturas superiores a 60^0C (como se mostra no apêndice), mais de 70% de atividade residual foi retida pelos metabolitos inibitórios parcialmente purificados de *B. subtilis* SF8 *e P. aeruginosa* SF4 a intervalos de temperatura de pré-incubação de 30 a 90^0C durante 60 minutos. A Fig. 4.1 mostra o efeito da temperatura na atividade inibitória do metabolito *de B. subtilis* SF8; mais de 90% da atividade residual foi mantida à temperatura de pré-incubação de 70^0C durante 15, 30 e mesmo 60 minutos. A 100^0C, o metabolito excretor tipo bacteriocina deste organismo exibiu 83,3, 54,3 e 41% de actividades residuais após períodos de pré-incubação de 15, 30 e 60 minutos, respetivamente.

Do mesmo modo, mais de 90% da atividade inibitória foi retida pelo metabolito extracelular semelhante à bacteriocina de *P. aeruginosa* SF4 a 90^0C, mesmo após 60 minutos de pré-incubação. As actividades residuais de 92,1, 92,1 e 85,3% foram retidas a 100⁰C após 15, 30 e 60 minutos de pré-incubação, respetivamente (Fig. 4.2). Não foi observada qualquer atividade depois de os metabolitos destes organismos terem sido incubados a 121⁰C.A Fig. 4.3 mostra o efeito do pH nas actividades de metabolitos inibitórios parcialmente purificados de *B. subtilis* SF8 *e P. aeruginosa* SF4, que retêm ambos uma maior percentagem das suas actividades inibitórias numa vasta gama de pH. O metabolito excretor do tipo bacteriocina de *P. aeruginosa* SF4 não tem atividade a pH 2 e tem uma atividade inibidora óptima a pH neutro; enquanto a atividade do metabolito antimicrobiano de *B. subtilis* SF8 aumentou gradualmente a partir de pH 3 e atingiu o máximo a pH 6 e 7, acima do qual se verificou um declínio acentuado na inibição da coloração indicadora (*B. macerans* SF2).

Os tensioactivos e o quelante foram adicionados em concentrações de 10, 20 e 30% (v/v) aos metabolitos parcialmente purificados de *B. subtilis* SF8 e *P. aeruginosa* SF4. Foram registados

O aumento da percentagem de inibição medido para o metabolito parcialmente purificado *de B. subtilis SF8* variou entre 0 e 9%, sendo que o aumento de 9% foi medido com a adição de 30% de SDS e triton X-100. O intervalo de aumento da inibição percentual de 38,9 - 58,3% foi medido com a adição de diferentes concentrações de SDS ao metabolito inibitório semelhante a uma bacteriocina de *P. aeruginosa* SF4, enquanto o intervalo de aumento da atividade de 55,5 - 58,3% foi medido com a adição de várias concentrações de triton X-100 a este metabolito; contudo, a atividade deste metabolito parcialmente purificado não foi significativamente afetada com a adição de EDTA (Fig. 4.4 e Fig. 4.5).

Foram registados resultados negativos de hemólise e hemaglutinação para o metabolito extracelular semelhante a uma bacteriocina (BLEM) de *B.subtilis SF8*, uma vez que se observou a sedimentação de sangue na base do tubo que continha a mistura de eritrócitos lavados e o metabolito de *B.sutbilis SF8*; enquanto a placa de ágar-sangue não mostrou qualquer zona de limpeza na presença deste metabolito, as observações do primeiro e do último testes foram iguais às dos respectivos controlos. No entanto, os testes em BLEM de *P. aeruginosa* mostraram que este metabolito apresentava propriedades de hemólise e hemaglutinação.

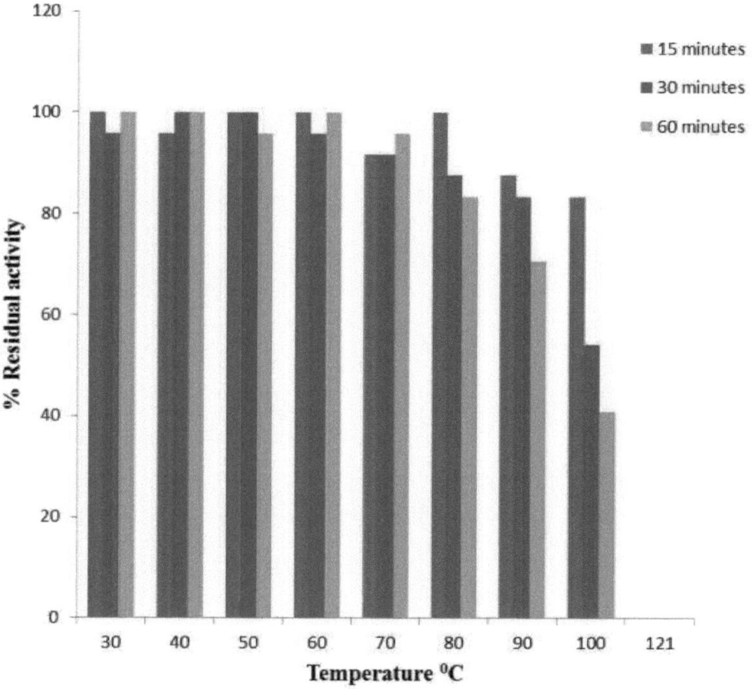

Fig. 4.1 Efeito da temperatura na atividade do BLEM produzido por *B. subtilis* SF8

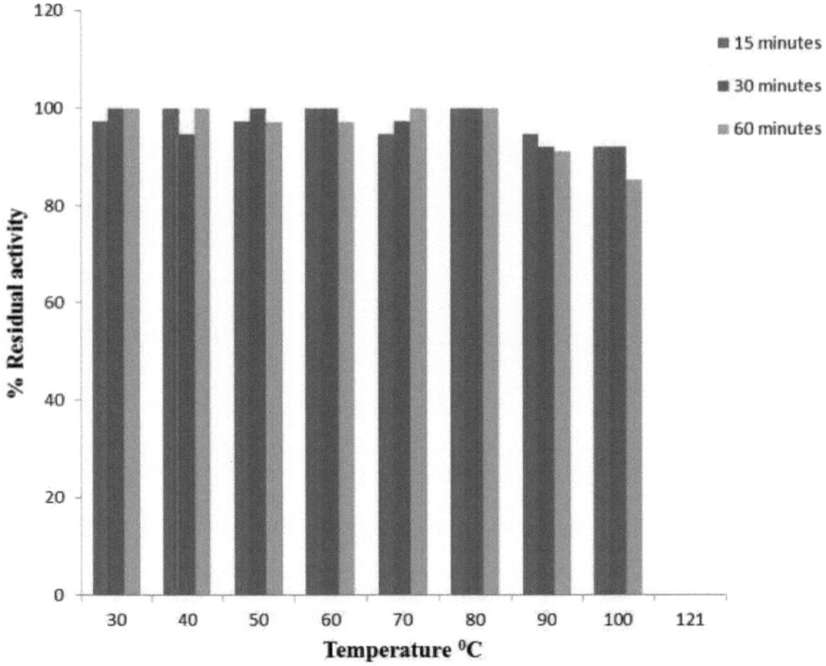

Fig. 4.2 Efeito da temperatura na atividade do BLEM produzido por *P. aeruginosa* SF4

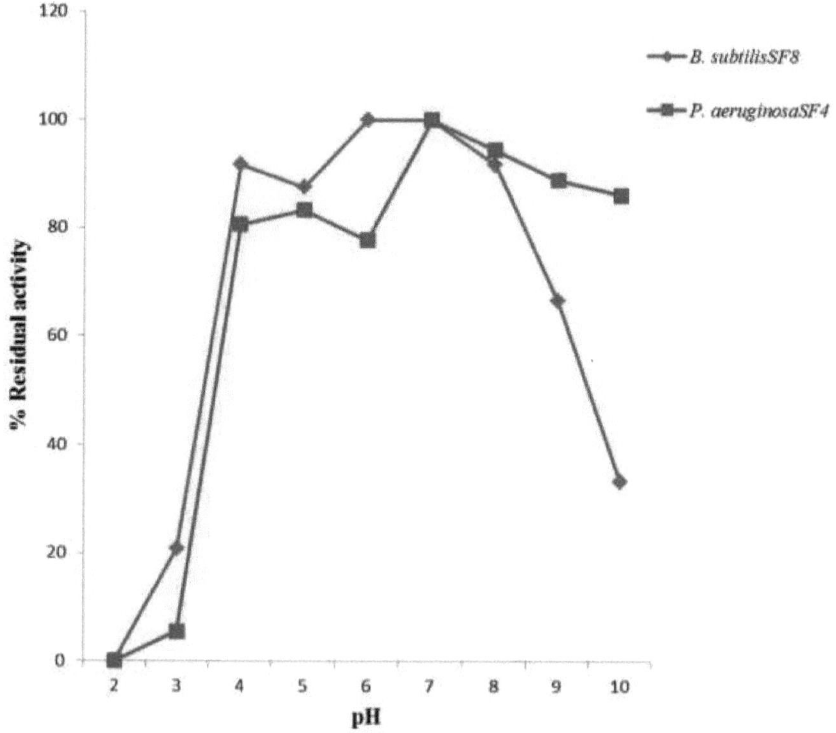

Fig. 4.3 Efeito do pH na atividade dos BLEMs produzidos por *B. subtilis*
SF8 e *P. aeruginosa* SF4

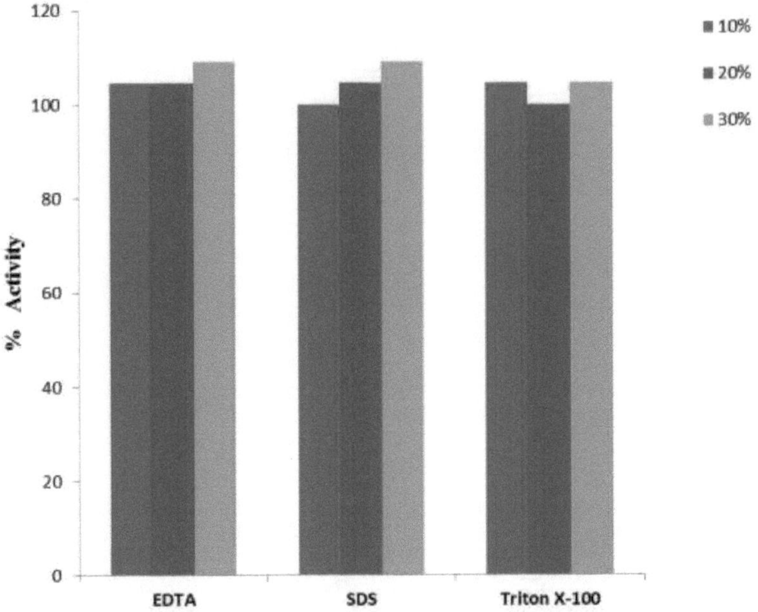

Fig. 4.4 Efeito dos tensioactivos e do quelante na atividade da BLEM de *B. subtilis* SF8

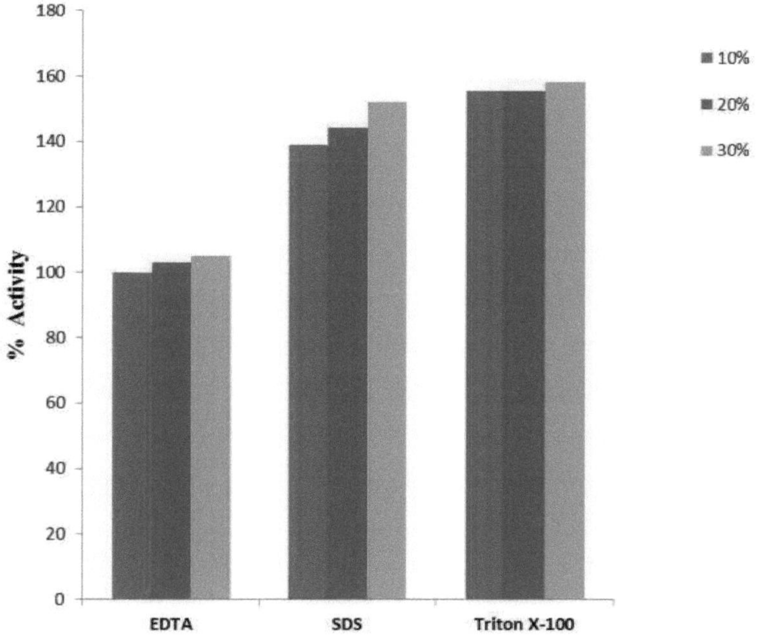

Fig. 4.5 Efeito dos tensioactivos e do quelante na atividade da BLEM de *P. aeruginosa* SF4

A atividade do metabolito semelhante à bacteriocina produzido por *B. subtilis* SF8 foi reduzida em 12,5 e 50% após a exposição de culturas jovens desta estirpe à radiação ultravioleta durante 8 e 10 minutos, respetivamente (Fig. 4.6), enquanto apenas se observou uma redução de 4,2% na atividade das culturas desta estirpe expostas à radiação ultravioleta durante 2 e 6 minutos. Foi observado um aumento da atividade antimicrobiana de 28 e 11% para o metabolito semelhante à bacteriocina de *P. aeruginosa* SF4 após 6 e 8 minutos de irradiação UV das suas culturas jovens, respetivamente; foi observada uma redução abrupta da atividade para a cultura irradiada durante 10 minutos.

As Figuras 4.7a e 4.7b representam as orientações das curvas geradas a partir do modo de ação investigado por espetroscopia FTIR do metabolito parcialmente purificado do tipo bacteriocina produzido pelo metabolito SF8 *de B. subtilis* em *B. macerans* SF2. Revelaram que a proporção percentual dos componentes celulares detectados tinha diferenças de pico significativas a 2093,00 cm^{-1} (19%), 2097,14 cm^{-1} (46%) e 1645,90 cm^{-1} (2%), 1644,09 cm^{-1} (36%) de suspensões de células não tratadas e tratadas, respetivamente.

A espetroscopia FTIR revelou uma grande diferença nas curvas geradas como resultado do(s) efeito(s) inibitório(s) do metabolito SF4 *de P. aeruginosa* sobre a *fluorescência* BS2 *de P. aeruginosa* a 2092,21 cm^{-1} (13,5%), 2092,26 cm^{-1} (17,5%) e 1259,06 cm^{-1} (10%), 1269,91 cm^{-1}(13,5%) de suspensões de células não tratadas e tratadas, respetivamente (Figs. 4.8a e 4.8b). Estas curvas são geradas com base na disponibilidade de componentes celulares, através da frequência de vibração de ressonância e de ligação, tanto na suspensão de células indicadoras tratadas como não tratadas em cada caso.

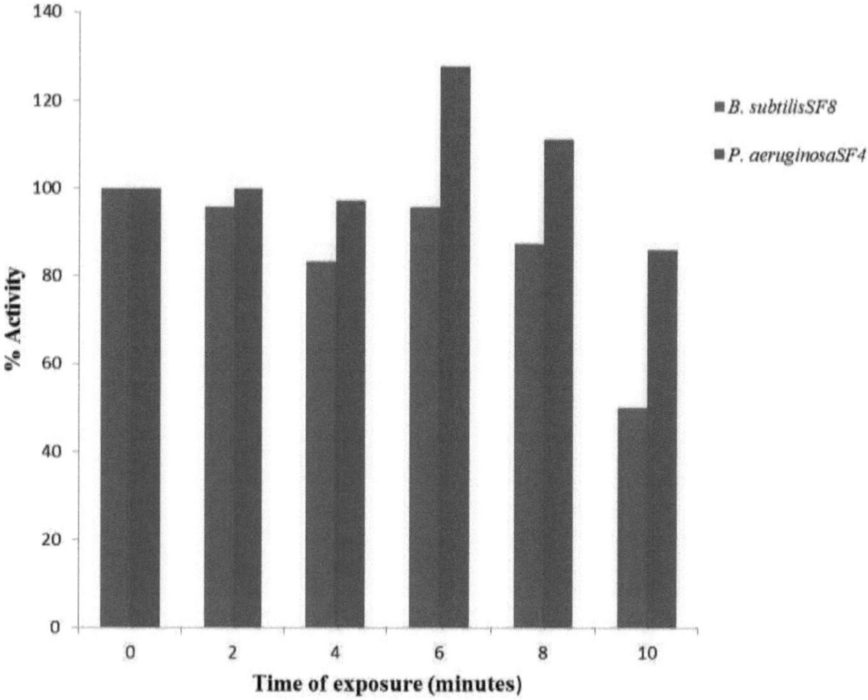

Fig 4.6 Efeito da radiação ultravioleta na produção de BLEMs por *B. subtilis* SF8 e *P. aeruginosa* SF4

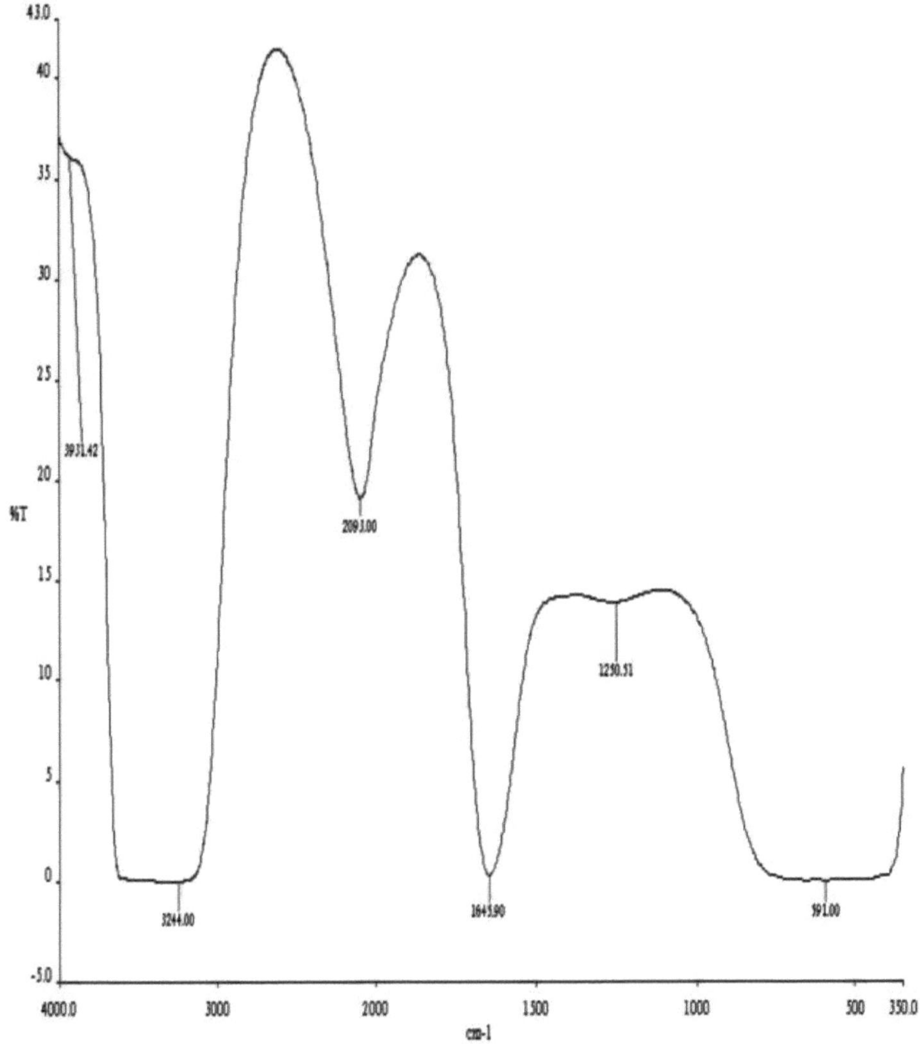

Fig. 4.7a Análise FTIR da suspensão celular de *Bacillus macerans* SF2

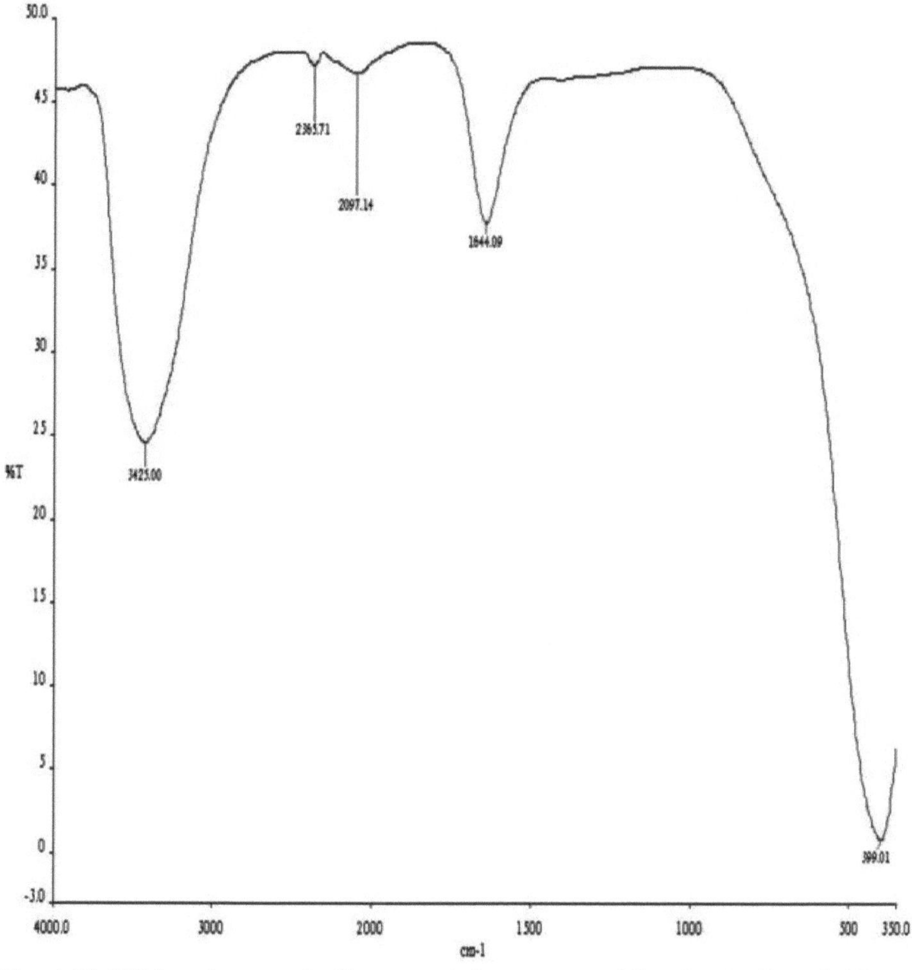

Fig. 4.7b Efeito do metabolito parcialmente purificado de *B. subtilis* SF8 em *B. macerans* SF2 (60 minutos)

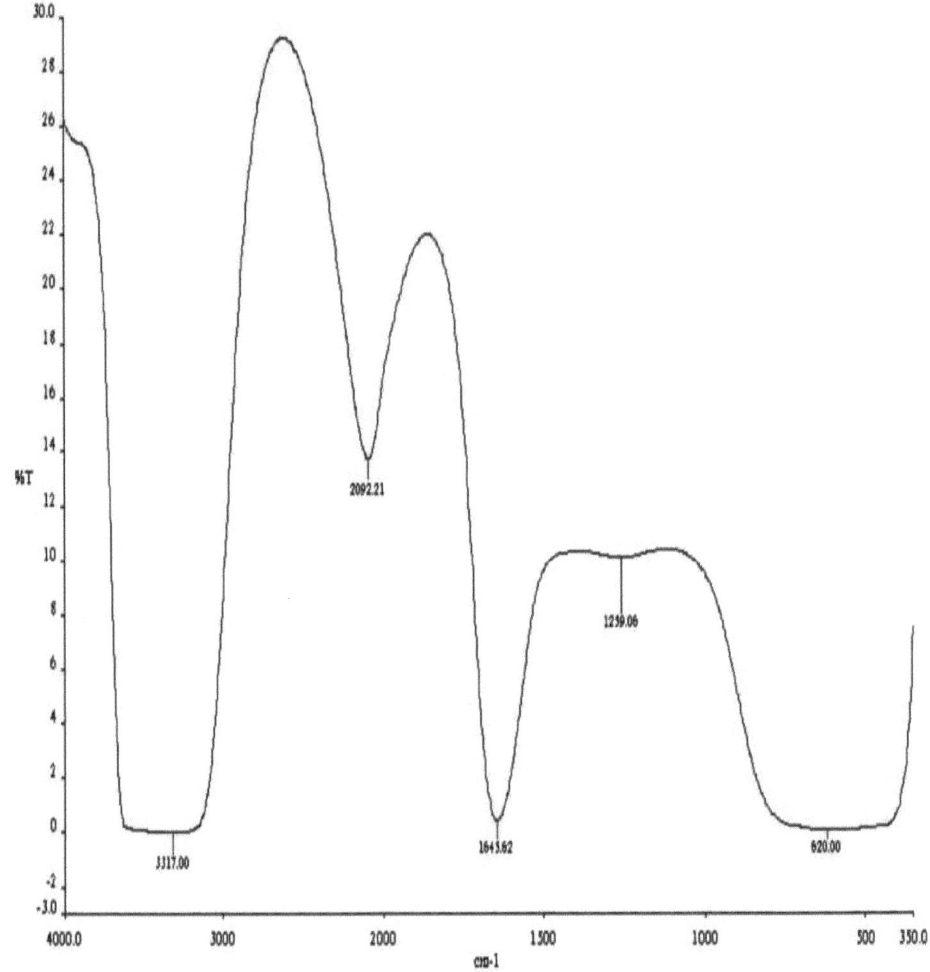

Fig. 4.8a Análise FTIR da suspensão celular de *P. fluorescence* BS2

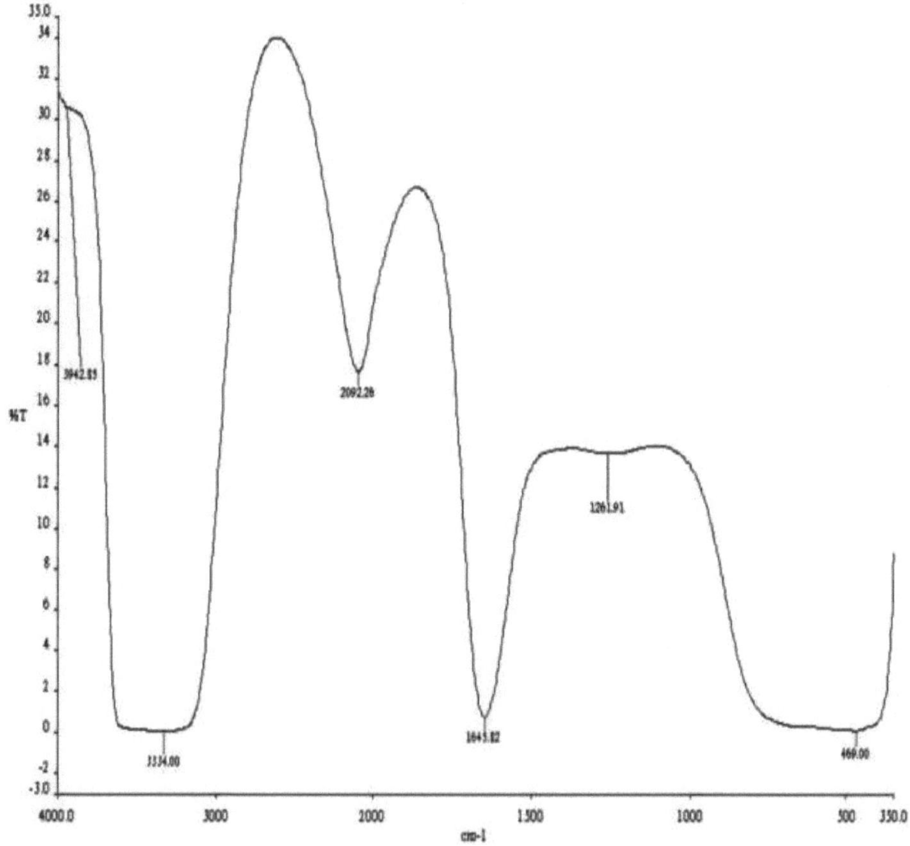

Fig. 4.8b Efeito do metabolito parcialmente purificado de *P. aeruginosa* SF4 na *fluorescência de P.* BS2 (60 minutos)

O metabolito de tipo bacteriocina de *B. subtilis* SF8 inibiu o crescimento de *Rhizopus nigricans* ART98, *Penicillium oxalicum* ILE1-OB e *P. chrysogenum* TZPB10 com zonas de inibição de 4, 5 e 4 mm (diâmetro), respetivamente, enquanto o metabolito de *P. aeruginosa* SF4 só foi capaz de inibir o crescimento de *Penicillium chrysogenum* TZPB10 com um diâmetro de 6 mm (quadro 4.4). O resultado do teste antimicrobiano em seis isolados clínicos (como se pode ver na Tabela 4.5) mostrou que o metabolito de *B. subtilis* SF8 é antimicrobiano para *P. aeruginosa* ATCC 29853 com uma zona de inibição de 7 mm, enquanto o metabolito semelhante à bacteriocina de *P. aeruginosa* SF4 inibiu o crescimento de *Staphylococcus aureus* resistente à meticilina, *P. aeruginosa* ATCC 29853 e *E. coli* 23218 com a zona de inibição mais elevada de 13 mm registada contra *Staphylococcus aureus* resistente à meticilina.

Tabela 4.4: Atividade antifúngica de metabolitos semelhantes a bacteriocinas produzidos por *B. subtilis* SF8 e *P. aeruginosa* SF4 em fungos patogénicos de plantas

	Estirpe do produtor de BLEM/Diâmetro de inibição (mm)	
Espécies indicadoras	*B. subtilisSF* 8	*P.* aeruginosaSF4
Rhizopus nigricans ART98	4	0
Penicillium oxalicum ILE1-OB	5	0
Penicillium chrysogenum TZPB10	4	6
Fusarium oxysporum RA1486	0	0
Fusarium compacticum	0	0
Aspergillus niger OK1482	0	0

Tabela 4.5: Inibição de isolados clínicos por metabolitos semelhantes a bacteriocinas produzidos por *B. subtilis* SF8 e *P. aeruginosa* SF4

	Estirpe do produtor de BLEM/Diâmetro de inibição (mm)	
Espécies indicadoras	*B.* subtilisSF8	*P.* aeruginosaSF4
Resistente à meticilina		
Staphylococcus aureus	0	13
Enterococcus faecalis	0	0
P. aeruginosa ATCC 29853	7	8
Salmonella typhi 33458	0	0
Escherichia coli 35218	0	0
Escherichia coli 23218	0	6

CAPÍTULO CINCO

5.1 DEBATE E CONCLUSÃO

5.2 Discussão

As espécies de *Bacillus* são bactérias formadoras de esporos que se encontram amplamente distribuídas na natureza e são normalmente omnipresentes em muitos ambientes. A formação de esporos permite que estas bactérias sobrevivam em praticamente todas as formas de ambiente durante períodos de tempo extremamente longos, proporcionando-lhes mecanismos de resistência contra condições ambientais adversas (Cano e Borucki, 1995; Vreeland *et al.,* 2000). Uma vez que os esporos são resistentes ao calor e activados para germinar pelo calor, espera-se que a fervura de amostras de solo mate a maior parte (se não todas) das células microbianas vegetativas e active os esporos resistentes ao calor para germinar após cultura subsequente em ágar nutriente (Nicholson *et al.,* 2000; Setlow, 2001). Por conseguinte, o isolamento de espécies de *Bacillus* no presente trabalho de investigação, através do procedimento de pré-aquecimento da amostra e subsequente cultura aeróbia, pode estar largamente ligado à capacidade fascinante dos seus esporos de sobreviverem ao processo de aquecimento.

No entanto, a sobrevivência deste procedimento de isolamento por *Pseudomonas aeruginosa* SF4 pode não estar desligada dos seus mecanismos de resposta ao stress térmico. Algumas estirpes de pseudomonas são conhecidas por sobreviverem em ambientes adversos e o seu sucesso está em parte relacionado com redes reguladoras complexas que permitem uma adaptação eficiente a condições ambientais variáveis. Em particular, RpoS, um fator sigma, é uma proteína reguladora geral da resposta ao stress que afecta a transcrição de genes que conferem maior tolerância a stresses como a limitação de nutrientes, o stress osmótico e, mais importante, o calor (Suh *et al.,* 1999; Whiteley *et al.,* 2001).

A Pseudomonas aeruginosa SF4 e *o Bacillus subtilis* SF8 produziram metabolitos inibitórios contra estirpes indicadoras (*Pseudomonas fluorescence* BS2 e *Bacillus macerans* SF2, respetivamente). Os procedimentos de ensaio de mancha de ágar e de sobreposição de punhalada foram eficazes na determinação da produção de metabolitos inibitórios, enquanto a produção foi confirmada através do ensaio de difusão em poço de ágar utilizando os seus metabolitos livres de células. Bechard *et al.* (1998) e Atta *et al.* (2009) comunicaram a produção de metabolitos antimicrobianos excretores de *Bacillus subtilis* e *Pseudomonas aeruginosa*, respetivamente. Estes metabolitos são produzidos no interior das células destes microrganismos e libertados para o seu ambiente imediato através de um mecanismo de transferência através da membrana (Havarstein *et al.*, 1994; Nes *et al.*, 1996). O metabolito extracelular produzido por *B. subtilis* SF8 foi inibitório para 57% dos isolados selecionados de um nicho ecológico semelhante ao de *B. subtilis* SF8 (amostras de solo). Do mesmo modo, o metabolito livre de células de *Pseudomonas aeruginosa* SF4 mostrou atividade inibitória (em placa de difusão em ágar-poço) contra 71% dos isolados selecionados de nicho ecológico semelhante. Sugeriu-se que o papel ecológico das bacteriocinas produzidas por uma estirpe residente pode ser mais importante na prevenção da invasão do nicho (eliminando outros organismos cujas necessidades nutricionais são satisfeitas pelo mesmo nicho ecológico ou por um nicho ecológico semelhante) ou na garantia de um ambiente totalmente novo, eliminando as espécies residentes (Brown *et al.*, 2009; Riley, 2011).

Em contraste com os antibióticos tradicionais, as bacteriocinas visam geralmente organismos estreitamente relacionados com a espécie produtora (embora existam algumas excepções) (Riley *et al.*, 2003; Tagg *et al.*, 1976). O metabolito extracelular livre de células de *Bacillus subtilis* SF8 inibiu o crescimento de *Bacillus cereus, Bacillus subtilis* SC1 e *Bacillus macerans* SF2 com uma zona de inibição mais elevada registada contra *B. macerans* SF2 (12 mm); do mesmo modo, o metabolito livre de células de *Pseudomonas aeruginosa* SF4 inibiu o crescimento de *Pseudomonas fluorescens* e *Pseudomonas aeruginosa* ATCC 29853 com uma zona de inibição mais elevada contra *Pseudomonas fluorescenceBS2* (16 mm). Riley *et al.* (2003) mapearam o espetro de ação das bacteriocinas de sete espécies entéricas (*Escherichia coli, Klebsiella pneumoniae, Klebsiella oxytoca, Enterobacter cloacae, Citrobacter freundii, Hafnia alvei* e *Serratia plymuthica*) na filogenia molecular destas espécies. Este estudo mostrou que os produtores de bacteriocinas tendem a matar estirpes bacterianas filogeneticamente relacionadas.

No entanto, existem algumas excepções, como as bacteriocinas de algumas estirpes de

E. coli que proporcionaram uma melhor inibição contra espécies distantemente relacionadas.

A precipitação com sulfato de amónio seguida de diálise (para remover o sal residual que pode interferir com a atividade da bacteriocina) melhorou as actividades inibitórias dos metabolitos extracelulares de *B. subtilis* SF8 *e P. aeruginosa* SF4 de 640 para 760 AU/ml e de 1536 para 2048 AU/ml, respetivamente; a precipitação com sulfato de amónio é o primeiro passo clássico para o fracionamento de proteínas, causando perturbações no solvente com relação à força iónica, enquanto protege a maioria das proteínas da desnaturação. Na saturação, o sulfato de amónio tem uma molaridade suficientemente elevada para provocar a precipitação das proteínas e não interferir com a sedimentação dessas proteínas precipitadas por centrifugação (Deutscher, 1990). Uma vez que as bacteriocinas foram caracterizadas como potentes polipéptidos antimicrobianos e proteínas produzidas por certos microrganismos contra outros organismos (James *et al.* 1991; Riley e Wertz, 2002; Smajs *et al,* 2010), a salga dos metabolitos destes organismos reduzirá a solubilidade das bacteriocinas e dos metabolitos extracelulares semelhantes às bacteriocinas, precipitando-os assim como pellets recuperados após a centrifugação, aumentando assim a sua atividade por unidade de proteína e diminuindo possíveis interferências no metabolito bruto. O sobrenadante da precipitação com sulfato de amónio em cada caso foi então testado quanto à atividade inibitória e não se registou qualquer zona de inibição contra as estirpes indicadoras. Resultados semelhantes foram registados por Ogunbanwo *et al.* (2003) após a precipitação com sulfato de amónio de bacteriocinas produzidas por *Lactobacillus plantarum* F1 e *L. brevis* OG1; enquanto não se observou nenhuma zona de inibição (contra *Staphylococcus aureus* resistente à meticilina - MRSA) em torno do poço carregado com sobrenadante derivado da precipitação com sulfato de amónio do péptido anti-MRSA do metabolito excretor de *Pseudomonas aeruginosa* marinha (Shanmugaraju, 2012).

A estabilidade relativa das bacteriocinas e dos metabolitos excretores semelhantes a bacteriocinas numa vasta gama de temperaturas foi documentada por vários autores (Syed *et al.,* 2011; Sehar e Sheikh, 2013). Mais de 70% da atividade residual foi retida pelos metabolitos inibitórios de *B.* subtilisSF8 *e P. aeruginosa* SF4 em intervalos de temperatura de pré-incubação de 30 a 90^{0}C durante 60 minutos. A uma temperatura de incubação de 100^{0}C, o metabolito excretor tipo bacteriocina de *B. subtilisSF8* apresentou 83,3, 54,3 e 41% de actividades residuais após os períodos de pré-incubação de 15, 30 e 60 minutos, respetivamente. Do mesmo modo, após os períodos de pré-incubação de 15, 30 e 60 minutos a 100^{0}C, o metabolito extracelular parcialmente purificado de *P. aeruginosa* SF4 reteve 92,1, 92,1 e 85,3% da sua atividade inibidora, respetivamente. Este facto está correlacionado com o relatório de Sehar e Sheikh (2013) sobre a termoestabilidade de metabolitos semelhantes a bacteriocinas parcialmente purificados de *Pseudomonas aeruginosa* SA 188. Não foi observada qualquer atividade inibitória após a incubação de metabolitos extracelulares destes organismos a 121 ^{0}C; isto está de acordo com o relatório de Sehar e Sheikh (2013), mas em contraste com os resultados documentados por Syed *et al.* (2011), obtidos a partir da caraterização parcial da substância inibidora semelhante à bacteriocina de *Bacillus subtilis* BS15.

Parte das caraterísticas fascinantes relatadas das bacteriocinas e dos metabolitos extracelulares semelhantes a bacteriocinas é a sua capacidade de reter uma fração significativa das suas propriedades inibitórias numa vasta gama de pH (Cherif *et al.*, 2001; Torkar e Matijasic, 2003; Syed *et al.,* 2011; Sehar e Sheikh, 2013). O metabolito semelhante a uma bacteriocina de *P. aeruginosa* SF4 reteve mais de 80% da sua atividade inibitória na gama de pH 4-10, com uma atividade óptima registada em pH neutro; também foram registadas actividades residuais de 80% e superiores para o metabolito parcialmente purificado de *B. subtilis* SF8 na gama de pH 4-8, enquanto a atividade deste metabolito foi óptima a pH 6 e 7.

Os resultados do efeito dos tensioactivos e do quelante na atividade do metabolito semelhante à bacteriocina de *B. subtilis* SF8 mostraram que a atividade inibitória deste metabolito parcialmente purificado não foi realmente afetada pela adição de concentrações variáveis de SDS, EDTA e Triton X-100, resultado semelhante foi relatado por Ramya *et al.* (2014) no seu trabalho sobre a atividade antimicrobiana de largo espetro de *Bacillus subtilis* RLID 12.1.

No entanto, a atividade inibitória medida após a adição de diferentes concentrações de SDS e TritonX-100 ao metabolito inibitório de *P. aeruginosa* SF4 revelou que estes produtos químicos aumentaram a atividade do metabolito parcialmente purificado contra *P.fluorescens BS2*; isto está de acordo com o trabalho de Sehar e Sheikh, (2013). O aumento registado na atividade deste metabolito pode dever-se ao efeito sinérgico entre os tensioactivos e o metabolito. Embora a camada de peptidoglicano das bactérias Gram-negativas seja significativamente mais fina do que a das bactérias Gram-positivas, a membrana externa (MO) das bactérias Gram-negativas protege as células de muitos agentes externos. No entanto, é possível enfraquecê-la especificamente através de vários permeabilizadores, como o EDTA e os tensioactivos, que têm um forte efeito desorganizador da MO e podem aumentar a permeabilidade desta última a agentes tóxicos (Vaara, 1992, 1999). No entanto, a atividade do metabolito inibitório deste organismo (*P. aeruginosa* SF4) não foi afetada com a adição de 10, 20 e 30% de EDTA.

Os testes de hemólise e hemaglutinação do metabolito excretor semelhante à bacteriocina de *Pseudomonas aeruginosa* SF4 revelam que o metabolito lisa e aglutina células sanguíneas de ratinhos e coelhos, respetivamente. A hemolisina e outros metabolitos extracelulares com atividade de fosfolipase produzidos por *P. aeruginosa* podem ser precipitados (como proteínas) ao longo dos metabolitos excretores semelhantes a bacteriocinas deste organismo (Berka *et al.*, 1981; Elleboudy *et al.*, 2013), o que pode ser responsável pela atividade de hemólise observada nos seus metabolitos parcialmente purificados. Além disso, as estirpes de *P. aeruginosa* foram caracterizadas por produzirem quantidades apreciáveis de lectina, que é uma proteína aglutinante do sangue que se liga a hidratos de carbono (Hameed e Sinan, 2009), e que é capaz de se ligar aos glicolípidos e às glicoproteínas dos glóbulos vermelhos, impedindo que esses glóbulos se fixem numa solução. No entanto, pode ser necessária uma purificação adicional para separar a hemolisina (e outros metabolitos com atividade fosfolipásica) e a lectina dos metabolitos excretores semelhantes a bacteriocinas da *P. aeruginosa* SF4. Vários autores documentaram que as estirpes de *Bacillus subtilis* produzem poucos ou nenhuns metabolitos tóxicos para o sangue, como lectinas e hemolisinas, e também possuem poucos ou nenhuns genes virulentos para os animais ou mesmo para as plantas, tal como confirmado pela sequenciação do genoma (Earl *et al,* 2008); foram registados resultados negativos nos testes de hemaglutinação e hemólise para o metabolito extracelular semelhante a bacteriocina de *B. subtilis* SF8, uma vez que foi observada a sedimentação do sangue lavado para o teste de hemaglutinação e o precipitado do seu metabolito excretor não mostrou nenhuma zona de limpeza na placa de ágar sangue. As diferenças de pico (por espetroscopia FTIR) observadas devido ao efeito do metabolito semelhante a *bacteriocina parcialmente purificado* de *P. aeruginosa* SF4 em *P. fluorescence* BS2 revelaram diferenças significativas de pico a 2092,21 e 2092,26 cm^{-1} com atribuição de estiramento anitsimétrico P=O, enquanto a diferença de pico também foi observada a 1259,06 e 1269,91 cm^{-1} com possível atribuição de estiramento alifático C-H (Rodriguez, 2000; Filip e Hermann, 2001; Maquelin *et al,* 2002), estas regiões correspondem a regiões atribuídas a ácidos gordos de membrana de microrganismos (Bizani *et al.,* 2005), sugerindo que o modo de ação deste metabolito é interferir com a membrana celular (e possivelmente com a membrana externa) de *P. fluorescence* BS2; isto é, no entanto, contrário às conclusões de Cascales *et al.* (2007) que relataram piocinas de *P. aeruginosa* com actividades de endonuclease. A análise das curvas derivadas da investigação espectroscópica FTIR da ação do metabolito parcialmente purificado de *B. subtilis* SF8 em *B. macerans* SF2 mostrou diferenças em regiões atribuídas a ácidos gordos de membrana (2093,00 e 2097,14 $cm^{-1)}$, flexão NH2, estiramento C=O e amidas I e II (1645,90 e 1644,09 $cm^{-1)}$ (Kamnev *et al,* 1999); muitos autores referem que algumas bacteriocinas interagem com sítios específicos nas membranas das células-alvo, que podem ser proteínas (Chikindas *et al.,* 1993; van Belkum *et al.,* 1991). Vários factores podem ser responsáveis pela grande disparidade observada nas curvas geradas, que podem incluir a possível produção de múltiplos metabolitos extracelulares semelhantes a bacteriocinas (por *B. subtilis* SF8) que visam diferentes sítios na membrana da estirpe indicadora, bem como a libertação de componentes intracelulares. A subtilina A e B, a ericina A e S, a iturina, as bacilomicinas, as bacilopeptinas, a rizocticina A e as sublancinas são diferentes tipos de péptidos inibitórios já caracterizados de *B. subtilis* (Chan *et al.*, 1993; Kajimura *et al.*, 1995; Paik *et al.*, 1998; Stein *et al.*, 2002), 2002). Não se registou um aumento notável da atividade do metabolito semelhante à bacteriocina após a exposição de culturas jovens de *B. subtilis* SF8 à radiação ultravioleta. Esta resistência observada à estimulação por UV pode dever-se à presença de uma parede espessa de peptidoglicano, bem como à presença de esporos (Jay, 2000); no entanto, observou-se uma diminuição da atividade em culturas jovens irradiadas durante mais de 6 minutos, o que pode ser o resultado da morte celular. Miller *et al.* (1999) referiram que a absorção de luz UV pelo ADN provoca a formação de ligações cruzadas entre bases de pirimidina vizinhas na mesma cadeia de ADN e, por conseguinte, a formação de ligações de hidrogénio com as bases de purina na outra cadeia é prejudicada e a transcrição e tradução do ADN são bloqueadas, conduzindo à morte celular. (2007) referiram que a biossíntese de bacteriocinas de Gram-negativas é regulada pelo sistema de agrupamento de genes SOS do hospedeiro, que envolve as proteínas RecA e LexA (repressor transcricional); em condições de stress, como danos no ADN e exposição a UV, é induzida a expressão do gene recA, em que a proteína RecA se liga a LexA, impedindo assim a repressão da expressão de bacteriocinas.

O metabolito de tipo bacteriocina de *B. subtilis* SF8 inibiu o crescimento de *Rhizopus nigricans* ART98, *Penicillium oxalicum* ILE1-OB e *P. chrysogenum* TZPB10, enquanto o metabolito produzido por P. *aeruginosa* SF4 inibiu o crescimento de *Penicillium chrysogenum* TZPB10. Alguns autores, incluindo Grillot *et al.* (1994), Klich *et al.* (1994), Kajimura *et al.* (1995) e Kerr *et al.* (1999), relataram actividades antifúngicas de bacteriocinas e metabolitos excretores semelhantes a bacteriocinas de bactérias, especialmente de espécies de *Bacillus* e *Pseudomonas*. Da mesma forma, os metabolitos semelhantes a bacteriocinas de *B. subtilis* SF8 e *P. aeruginosa* SF4 foram inibitórios para alguns isolados clínicos. O metabolito de *B. subtilis* SF8 foi antimicrobiano para *P. aeruginosa* ATCC 29853, enquanto o metabolito semelhante à bacteriocina de *P. aeruginosa* SF4 inibiu o crescimento de *Staphylococcus aureus* resistente à meticilina, *P. aeruginosa* ATCC 29853 e *E. coli* 23218. Riley *et al.* (2003) comunicaram as actividades antimicrobianas das bacteriocinas contra espécies estreitamente relacionadas e distantes da bactéria produtora.

5.3 Conclusão e recomendação

Com a análise e os resultados recolhidos neste trabalho de investigação, é conclusivo que *B. subtilis* SF8 *e* *P. aeruginosa* SF4 produziram metabolitos extracelulares semelhantes a bacteriocinas com unidades de atividade parcialmente purificadas de 768 e 2048 AU/mL, respetivamente, e que estes metabolitos mantiveram grandes percentagens das suas actividades inibitórias numa vasta gama de temperaturas e pH, bem como na presença de tensioactivos e EDTA.

A investigação do modo de ação dos metabolitos parcialmente purificados de ambos os organismos (*B. subtilis* SF8 e *P. aeruginosa* SF4) por espetroscopia de infravermelhos com transformada de Fourier (FTIR) revelou que estes metabolitos interferem com as membranas celulares das espécies indicadoras e, ao fazê-lo, podem criar poros nessa membrana alvo, o que acabaria por conduzir à lise celular.A atividade de largo espetro identificada para os metabolitos do tipo bacteriocina de *B. subtilis* SF8 e *P. aeruginosa* SF4 contra organismos patogénicos e de deterioração clínica e economicamente significativos é uma propriedade fascinante com potencialidades prospectivas para a agricultura e medicamente relevantes; estes metabolitos poderiam, por conseguinte, ser mais investigados e aplicados translacionalmente (em vez de antibióticos convencionais) em vários domínios.

REFERÊNCIAS

Ansari, A., Aman, A., Siddiqui, N. N., Iqbal S. e Ali ul Qader, S. 2012. Bacteriocina (BAC-IB17): Rastreio, isolamento e produção a partir de *Bacillus subtilis* KIBGE IB-17. *Jornal Paquistanês de Ciências Farmacêuticas* 25:195-201

Atta, H. M., Refaat, B. M. e El-Waseif, A. A. 2009. Aplicação da Biotecnologia para a Produção, Purificação e Caracterização de Péptidos de *Pseudomonas aeruginosa. Jornal Mundial de Microbiologia e Biotecnologia* **35**:208-215

Baby Joseph, Berlina Dhas, Vimalin Hena e Justin Raj. 2003. Bacteriocina de *Bacillus subtilis* como novo medicamento contra agentes patogénicos bacterianos da úlcera do pé diabético. *Asian Pacific Journal of Tropical Biomedicine* 3(12): 942-946

Bakkal, S., Robinson, S. e Riley M. 2012. Bacteriocinas de microrganismos aquáticos e suas potenciais aplicações na indústria de frutos do mar. Saúde e Ambiente em Aquacultura, Dr. Edmir Carvalho (Ed.), pp. 303-328, ISBN: 978953-51-0497-1, InTech, DOI: 10.5772/28302.

Barnes, B., Sidhu, H. e Gordon, D. M. 2007. Host gastro-intestinal dynamics and the frequency of colicin production by *Escherichia coli. Microbiology* **153**:28232827

Bechard, J., Eastwell, K. C., Sholberg, P. L., Mazza, G. e Skura, B. 1998. Isolamento e caraterização química parcial de um péptido antimicrobiano produzido por uma estirpe de *Bacillus subtilis. Journal of Agric Food Chemisty* **46**: 5355-5361.

Berka, R. M., Gray, G. L. e Vasil, M. L. 1981. Estudos da fosfolipase C (heat-labile hemolisina) em *Pseudomonas aeruginosa. Infeção e Imunidade* **34**: 1071-1074.

Bhugaloo-Vial, P., Dousset, X., Metivier, A., Sorokine, O., Anglade, P., Boyaval, P. e Marion, D. 1996. Purificação e sequências de aminoácidos de piscicocinas V1a e V1b, duas bacteriocinas de classe IIa segregadas por *Carnobacterium piscicola* V1 que apresentam níveis significativamente diferentes de atividade inibitória específica. *Microbiologia Aplicada e Ambiental*, **62**(12):4410-4416

Bizani, D. e Brandelli, A. 2001. Suscetibilidade a antimicrobianos, hemólise e hemaglutinação entre *Aeromonas* spp. isoladas da água de um abatedouro de bovinos. *Revista Brasileira de Microbiologia* **32**:334-339

Bizani, D., Motta, A., Morrissy, J., Terra, R., Souto, A. e Brandelli A. 2005. Atividade antibacteriana da cereína 8A, um péptido semelhante a uma bacteriocina produzido por

Bacillus cereus. *Microbiologia Internacional* **8**:125-131

Blackwell, C., Winstanley, F. e Brunton, T. 1982. Sensitivity of thermophilic Campylobacters to Rtype pyocines of *Pseudomonas aeruginosa*. *Journal of Medical Microbiology*. **15**(2):247-251

Bonev, B. B., Breukink, E., Swiezewska, E., De Kruijff, B. e Watts, A. 2004. O direcionamento dos pirofosfatos extracelulares está na base da elevada seletividade da nisina. *Federation of American Society for Experimental Biology Journal* **18**:1862-1869.

Bradley, D. E. 1967. Ultra-estrutura de bacteriófagos e bacteriocinas. *Bacteriological reviews*, **31**(4): 230-314

Braun, V., Pilsl, H. e Gross, P. 1994. Colicinas: estruturas, modos de ação, transferência através de membranas e evolução. *Arquivo de Microbiologia* **161**: 199-206

Breukink, E., Van Heusden, H. E., Vollmerhaus, P. J., Swiezewska, E., Brunner, L., Walker, S., Heck, A. J. e De Kruijff, B. 2003. O lípido II é um componente intrínseco do poro induzido pela nisina nas membranas bacterianas. *Journal of Biological Chemistry* **278**:19898-19903.

Breukink, E., Wiedemann, I., van Kraaij, C., Kuipers, O. P., Sahl, H. e de Kruijff, B. 1999. Utilização do lípido II precursor da parede celular por um antibiótico peptídico formador de poros. *Ciência* **286**:2361-2364.

Brotz, H., Josten, M., Wiedemann, I., Schneider, U., Gotz, F., Bierbaum, G. e Sahl, H. G., 1998a. Role of lipid-bound peptidoglycan precursors in the formation of pores by nisin, epidermin and other lantibiotics. *Molecular Microbiology* **30**:317-327.

Brotz, H., Bierbaum, G., Leopold, K., Reynolds, P. E., Sahl, H. G., 1998b. O lantibiótico mersacidina inibe a síntese de peptidoglicano ao visar o lípido II. *Antimicrobial Agents and Chemotherapy* **42**:154-160.

Brown, S. P., Inglis, R. F. e Taddei, F. 2009. Evolutionary ecology of microbial wars: within-host competition and (incidental) virulence. *Evolutionary Applications* **2**:32-39

Cano, R. J. e Borucki, M. 1995. Revival and identification of bacterial spores in 25 to 40 million year old Dominican amber (Reavivamento e identificação de esporos bacterianos em âmbar dominicano com 25 a 40 milhões de anos). *Science* **268**: 1060-1064 Cascales, E., Buchanan, S. K., Duche, D., Kleanthous, C., Lloubes, R. e Postle, K. 2007. Colicin biology. *Microbiology and Molecular Biology Reviews* **71**:158229 Chan, W. C., Bycroft, B. W., Leyland, M. L., Lian, L. Y. e Roberts, G. C. K. 1993. Uma nova modificação pós-traducional do antibiótico peptídico subtilina: isolamento e caraterização de uma variante natural de *Bacillus subtilis ATCC 6633. Biochemical Journal* ***291***:23-27

Chao, L. e Levin, B. R. 1981. Habitats estruturados e a evolução de toxinas anticompetidoras em bactérias. *Proceedings of National Academy of Science USA* **78**:63246328

Chavan, M. A. e Riley, M. A. 2007. Molecular Evolution of Bacteriocins in GramNegative Bacteria, In:Bacteriocins: Ecology and Evolution, Riley, M. A., Chavan, M. A. (Eds.), pp. 5-18, ISBN 3-540-36603-2, Heidelberg, Alemanha.

Chen, Y., Ludescher, R. D. e Montville, T. J. 1997a. As interações electrostáticas, mas não o motivo de consenso YGNGV, governam a ligação da pediocina PA-1 e dos seus fragmentos às vesículas de fosfolípidos. *Applied and Environmental Microbiology* **63**:4770-4777.

Chen, Y., Shapira, R., Eisenstein, M., Montville, T. J., 1997b. Caracterização funcional da ligação da pediocina PA-1 aos lipossomas na ausência de um recetor proteico e sua relação com uma estrutura terciária prevista. *Applied and Environmental Microbiology* **63**:524-531.

Cherif, A., Ouzari, H., Daffonchio, D., Cherif, H., Ben Slama, K., Hassen, A., Jaoua, S. e Boudabous, A. 2001. Thuricin 7: uma nova bacteriocina produzida por *Bacillus thuringiensis* BMG1.7, uma nova estirpe isolada do solo. *Cartas em Microbiologia Aplicada* **32**: 243-247

Cheung, J., Danna, K. J., O'Connor, E. M., Price, L. B. e Shand, R. F. 1997. Isolamento, sequência e expressão do gene que codifica a halocina H4, uma bacteriocina da arqueia halofílica *Haloferax mediterranei* R4. *Journal of bacteriology* **179**, (2):548-551

Chikindas, M. L., Garcia-Garcera, M. J., Driessen, A. J., Ledeboer, A. M., Nissen-Meyer, J., Nes, I. F., Abee, T., Konings, W. N. e Venema, G. 1993. Pediocin PA-1, uma bacteriocina de *Pediococcus acidilactici* PAC1.0, forma poros hidrofílicos na membrana citoplasmática das células-alvo. *Applied and Environmental Microbiology* ***59***, 3577-3584.

Claypool, L., Heinemann, B., Voris, L. e Stumbo, C. R. 1966. Residence time of nisin in the oral cavity following consumption of chocolate milk containing nisin. *Journal of Dairy Science* **49**:314-316.

Cleveland, J., Montville, T. J., Nes, I. F. e Chikindas, M. L. 2001. Bacteriocins: safe, natural antimicrobials for food preservation. *Revista internacional de microbiologia alimentar*, **71**(1):1-20

Crandall, A. D. e Montville, T. J. 1998. A resistência à nisina em *Listeria monocytogenes* ATCC 700302 é um fenótipo complexo. *Microbiologia Aplicada e Ambiental* **64**:231-237.

Czárán, T. L., Hoekstra, R. F. e Pagie, L. 2002. A guerra química entre micróbios promove a biodiversidade. *Actas da Academia Nacional de Ciências* **99**: 786790.

Daw, M. A. e Falkiner, F. R. 1996. Bacteriocinas: natureza, função e estrutura. *Micron*, **27**(6):467-479, ISSN 0968-4328

Deutscher, Murray P. 1990. Methods in enzymology, guide to protein purification, New York academic press. **182**: 285-306

Diep, D. B., Havarstein, L. S. e Nes, I. F. 1996. Caracterização do locus responsável pela produção de bacteriocina em *Lactobacillus plantarum* C11. *Journal of Bacteriology* **178**:4472-4483.

Driessen, A. J., van den Hooven, H. W., Kuiper, W., van de, K. M., Sahl, H. G., Konings, R. N. e Konings, W. N. 1995. Estudos mecanísticos da permeabilização de vesículas de fosfolípidos induzida por lantibióticos. *Biochemistry* **34**:1606-1614.

Duan, K., Harvey, M. L., Liu, C. Q. e Dunn, N. W. 1996. Identificação e caraterização de um plasmídeo mobilizador, pND300, em *Lactococcus lactis* M189 e seu determinante de resistência à nisina codificado. *Journal of Applied Bacteriology* **81**:493-500.

Dufour, A., Rince, A., Uguen, P. e Le Pennec, J. P. 2000. IS1675, um novo elemento de inserção lactocócica, forma uma estrutura semelhante a um transposão que inclui o operão lantibiótico da lacticina. *Journal of bacteriology*, **182**(19):5600-5605

Durrett R. e Levin, S. 1997. Alelopatia em populações espacialmente distribuídas. *Jornal OfTheoretical Biology* **185**:165-171

Earl, M., Richard, L. e Roberto, K. 2008. Ecologia e Genómica de *Bacillus subtilis*. *Tendências em Microbiologia* **16**(6): 269-75.

Ehrmann, M. A., Remiger, A., Eijsink, V. G. e Vogel, R. F. 2000. Um grupo de genes que codifica a plantaricina 1.25beta e outros péptidos semelhantes a bacteriocinas em *Lactobacillus plantarum* TMW1.25. *Biochimica et Biophysica Ata* **1490**:355361.

Eijsink, V. G., Axelsson, L., Diep, D. B., Havarstein, L. S., Holo, H. e Nes, I. F. 2002. Produção de bacteriocinas de classe II por bactérias do ácido lático; um exemplo de guerra biológica e comunicação. *Antonie van Leeuwenhoek*, **81**:639-654

Elleboudy, N., Aboulwafa, M e Hassouna, N. 2013. Fosfolipases C de isolados *de Pseudomonas aeruginosa* e *Bacillus cereus*, enzimas mediadas por cromossomas com papéis na virulência. *Revista Turca de Biologia* **37**: 433-442

Engelke, G., Gutowski-Eckel, Z., Hammelmann, M. e Entian, K. D. 1992. Biosíntese do lantibiótico nisina: organização genómica e localização membranar da proteína NisB. *Applied and Environmental Microbiology* **58**:3730-3743.

Everett, M. L., Palestrant, D., Miller, S. E., Bollinger, R. R. e Parker, W. 2004. Immune exclusion and immune inclusion: a new model of host-bacterial interactions in the gut. *Clinical and Applied Immunological Reviews* **4**:321-332

Feldgarden, M., Golden, S., Wilson, H. e Riley, M. A. 1995. Pode a defesa fágica manter plasmídeos de colicina em Escherichia coli? *Microbiology* **141** (11): 29772984

Field, D., Cotter, P., Hill, C., e Ross, R. P. 2007. Bacteriocin Biosynthesis, Structure, and Function, In:Research and Applications in Bacteriocins, Riley, M. A., Gillor, O. (Eds.), pp. 5-41, ISBN 1-904933-23-8, Norfolk, U.K.

Filip, Z. e Hermann, S. 2001. Uma tentativa de diferenciar *Pseudomonas* spp. e outras bactérias do solo por espetroscopia FT-IR. *Jornal Europeu de Biologia do Solo* **37**:137-143

Frank, S. A. 1994. Polimorfismo espacial de bacteriocinas e outras caraterísticas alelopáticas. *Evolutionary Ecology* **8**:369-386

Franke, C. M., Leenhouts, K. J., Haandrikman, A. J., Kok, J., Venema, G. e Venema, K. 1996. Topologia de LcnD, uma proteína implicada no transporte de bacteriocinas de *Lactococcus lactis*. *Journal of Bacteriology* **178**:1766-1769.

Frazer, A., Sharratt, M. e Hickman, J. 1962. Biological effects of food additives. *Journal of the Science Food and Agriculture* **13**:32-42.

Fredericq, P. (1957). Colicins. *Annual review of microbiology*, **11**:7-22, ISSN 0066 4227 Food and Agriculture Organization of the United Nations. http://www.fao.org/

Fredericq, P. e Levine, M. 1947. Antibiotic Interrelationships among the Enteric Group of Bacteria (Inter-relações antibióticas entre o grupo entérico de bactérias). *Journal of Bacteriology* **54**:785-792 Friedrich, C. L., Moyles, D., Beveridge, T. J. e Hancock, R. E. 2000. Antibacterial action of structurally diverse cationic peptides on Gram-positive bacteria (Ação antibacteriana de péptidos catiónicos estruturalmente diversos em bactérias Gram-positivas). *Antimicrobial Agents and Chemotherapy* **44**:2086-2092.

Fyfe, J. A., Harris, G. e Govan, J. R. 1984. Revised pyocin typing method for *Pseudomonas aeruginosa*. *Journal of Clinical Microbiology* **20**:47-50.

Gardner, A., West, S. A. e Buckling, A. 2004. Bacteriocinas, despeito e virulência. *Actas da Sociedade Real B: Ciências Biológicas* **271**:1529-1535

Gillor, O., Giladi, I. e Riley, M. A. 2009. Persistência de *Escherichia coli colicinogénica* no trato gastrointestinal do rato. *Biomed Central Microbiology* **9**:165

Gillor, O., Kirkup, B. C. e Riley, M. A. 2004. Colicins and microcins: the next generation antimicrobials. *Avanços em microbiologia aplicada*, **54**:129-146

Gillor, O., Vriezen, J. A. C. e Riley, M. A. 2008. O papel das caixas SOS na regulação das bacteriocinas entéricas. *Microbiologia* **154**:1783-1792

Gordon, E. A. 2006. The diversity of Bacteriocins in Gram-negative bacteria. Em Bacteriocins: Ecology and Evolution (Berlim, Springer), ed. pp. 5-18

Gordon, D. M. e O'Brien, C. L. 2006. Diversidade de bacteriocinas e frequência da produção múltipla de bacteriocinas em *Escherichia coli*. *Microbiology* **152**:32393244

Gordon, D. M. e Riley, M. A. 1999. Uma investigação teórica e empírica da dinâmica de invasão da colicinogenia. *Microbiologia* **145**:655-661

Gordon, D. M., Riley, M. A. e Pinou, T. 1998. Alterações temporais na frequência da colicinogenia em *Escherichia coli* de ratos domésticos. *Microbiology* **144**:22332240

Gravesen, A., Warthoe, P., Knochel, S. e Thirstrup, K. 2000. A visualização diferencial de fragmentos de restrição de mutantes *de Listeria monocytogenes* 412 resistentes à pediocina mostra uma sobreexpressão consistente de um sistema PTS específico de beta-glucósido putativo. *Microbiologia* **146**(6):1381-1389.

Grillot, R., Portmann-Coffin, V. e Ambroise-Thomas P. 1994. Inibição do crescimento de leveduras patogénicas por *Pseudomonas aeruginosa* in vitro: implicações clínicas em culturas de sangue. *Mycoses* **37**: 343-348.

Gross, E., Kiltz, H. H. e Nebelin, E. 1973. Subtilin, VI: structure of subtilin. H-S Z *Journal Physiology and Biochemistry* **354**:810-822.

Guder, A., Wiedemann, I. e Sahl, H. G. 2000. Bacteriocinas pós-traducionais modificadas: os lantibióticos. *Biopolímeros* **55** 62-73

Hameed, M. e Sinan, I. 2009. Isolamento e identificação de *pseudomonas aeruginosa* e sua capacidade de produção de lectina. *Iraqi Journal of Biotechnology* **8**(3): 640648

Hansen, J. N. 1993. Antibióticos sintetizados por modificação pós-tradução. *Revisão Anual de Microbiologia* **47**:535-564.

Havarstein, L. S., Holo, H., Nes, I. F. 1994. O peptídeo líder da colicina V partilha sequências de consenso com peptídeos líderes que são comuns entre as bacteriocinas peptídicas produzidas por bactérias grampositivas. *Microbiologia* **140** (9):2383- 2389.

Heng, N. C., Burtenshaw, G. A., Jack, R. W. e Tagg, J. R. 2007. Ubericin A, uma bacteriocina de classe IIa produzida por *Streptococcus uberis*. *Microbiologia Aplicada e Ambiental* **73**:7763-7766

Hsu, S. T., Breukink, E., Tischenko, E., Lutters, M. A., De Kruijff, B., Kaptein, R., Bonvin, A. M. e Van Nuland, N. A. 2004. O complexo nisina-lípido II revela uma gaiola de pirofosfato que fornece um modelo para novos antibióticos. *Nature Structure and Molecular Biology* **11**:963-967.

Hurst, A. 1981. Nisin. *Avanços em Microbiologia Aplicada* **27**:85-123.

Ikari, N. S., Kenton, D. M. e Young, V. M. 1969. Interação no intestino do rato sem germes de microrganismos colicinogénicos e sensíveis à colicina. *Actas da Sociedade de Biologia Experimental e Medicina* **130**:1280-1284

Ingram, L. C., 1969. Síntese do antibiótico nisin: formação de lanthionine e beta-metil-lanthionine. *Biochimica et Biophysica Ata* **184**:216-219.

Ingram, L. 1970. Um mecanismo ribossómico para a síntese de péptidos relacionados com a nisina. *Biochimica et Biophysica Ata* **224**:263-265.

Ivanovska, I. e Hardwick, J. M. 2005. Os vírus activam uma via de morte celular geneticamente conservada num organismo unicelular. *Journal of Cell Biology* **170**:391-399 Iwalokun, B. A., Akinsinde, K. A., Lanlenhin, O. e Onubogu, C. C. 2006. Bacteriocinogenicidade e produção de piocinas de espécies de *Pseudomonas* isoladas em Lagos, Nigéria. *Jornal Africano de Biotecnologia* **5** (11):1072-1077

Jack, R. W., Tagg, J. R. e Ray, B. 1995. Bacteriocina de bactérias gram positivas. *Arquivo de Revisão Microbiológica* 59:171-200

James, R, Lazdunski, C. e Pattus, F. 1991. Bacteriocinas, Microcinas e Lantibióticos. Na série NATO ASI (Nova Iorque, Springer-Verlag), p. 519

James, R., Penfold, C. N., Moore, G. R. e Kleanthous, C. 2002. Killing of *Escherichia coli* cells by E group nuclease colicins. *Biochimie* **84**:381-389

Jay, J. M. 2000b. Preservação dos alimentos por radiação e natureza da resistência microbiana à radiação. Em Modern Food Microbiology. Aspen Publishers, Maryland. Pg: 301 - 321

Jimenez-Diaz, R., Rios-sanchez, R. M., Desmazeaud, M., Ruiz-Barba, J. L. e Piard, J. C. (1993). Plantaricins S e T. Two New bacteriocins produced by *Lactobacillus plantarum* LPC 10 isolated from a green olive fermentation. *Applied and Environmental Microbiology* 59(5):1416-1424

Joerger, M. C. e Klaenhammer, T. R. 1986. Characterization and purification of helveticin J and evidence for a chromosomally determined bacteriocin produced by *Lactobacillus helveticus* 481. *Journal of bacteriology*, **167**(2):439-446

Kajimura, Y., Sugiyama, M. e Kaneda, M. 1995. Bacillopeptins, novos antibióticos lipopeptídeos cíclicos de *Bacillus subtilis* FR-2. *Journal of Antibiotics* **48** (10): 1095-1099.

Kamnev, A. A., Antonyuk, L. P., Matora, L. Y., Serebrennikova, O. B., Sumaroka, M. V., Colina, M., Renou-Gonnord, M. F. e Ignatov, V. V. 1999. Spectroscopic characterization of cell membranes and their constituents of the plant associated soil bacterium *Azospirillum brasilense. Jornal de Estrutura Molecular* **481**:387-393

Karolyi, G., Neufeld, Z.e Scheuring, I. 2005. Jogo de pedra-tesoura-papel num fluxo caótico: o efeito da dispersão na competição cíclica de microrganismos. *Journal of Theoretical Biology* **236**:12-20

Kelly, W., Asmundson, R. V. e Huang, C. M. 1996. Caracterização de plantarum KW30, uma bacteriocina produzida por *Lactobacillus plantarum. Jornal de Bacteriologia Aplicada* **81**: 657-662

Kerr, B., Riley, M. A., Feldman, M. W. e Bohannan, B. J. 2002. Local dispersal promotes biodiversity in a real-life game of rock-paper-scissors. *Nature* **418**:171-174

Kerr, J. R., Taylor, G. W., Rutman, A., Hoiby, N., Cole, P. J. e Wilson, R. 1999. Pyocyanin inhibits yeast growth: a role in the prevention of pulmonary candidiasis. *Journal Clinical Pathology*; **52**:385-392.

Kilic, A. O., Pavlova, S. I., Ma W. e Tao L. 1996. Analysis of *Lactobacillus* phages and bacteriocins in American dairy products and characterization of phages isolated from yogurt. *Microbiologia Aplicada e Ambiental* **62**: 2111-2116

Kirkup, B. C. e Riley, M. A. 2004. Antibiotic-mediated antagonism leads to a bacterial game of rockpaper-scissors in vivo. *Natureza* **428**:412-414

Klaenhammer, T. R. 1993. Genetics of bacteriocin produced by lactic acid bacteria. *Federação da Sociedade Europeia de Microbiologia, Microbiology Reviews* **12**:3985

Klein, C. e Entian, K. D. 1994. Genes envolvidos na auto-proteção contra a subtilina lantibiótica produzida por *Bacillus subtilis* ATCC 6633. *Applied and Environmental Microbiology* **60**:2793-2801.

Klich, M. A., Arthur, K. S., Lex, A. R. e Bland, J. M. 1994. Iturin A: um potencial novo fungicida para grãos armazenados. *Mycopathologia* **127** (2): 123-127.

Kuipers, O. P., Beerthuyzen, M. M., Siezen, R. J. e De Vos, W. M. 1993. Caracterização do grupo de genes de nisina nisABTCIPR de *Lactococcus lactis*. Necessidade de expressão dos genes nisA e nisI para o desenvolvimento da imunidade. *Revista Europeia de Bioquímica / Federação da Sociedade Europeia de Bioquímica*, **216**(1):281-291

Kupke, T. e Gotz, F. 1996. Modificações pós-traducionais dos lantibióticos. *Antonie van Leeuwenhoek* **69**:139-150.

Laird, R. A. e Schamp, B. S. 2008. Does local competition increase the coexistence of species in intransitive networks? *Ecologia* **89**:237-247

Le Marrec, C., Hyronimus, B., Bressollier, P., Verneuil, B. e Urdaci, M. C. 2000. Biochemical and genetic characterization of coagulin, a new antillisterial bacteriocin in the pediocin family of bacteriocins, produced by *Bacillus coagulans*. *Microbiologia Aplicada e Ambiental* **66**:5213-5220

Lee, H. e Kim, H. Y. 2011. Lantibióticos, bacteriocinas de classe I do género Bacillus. *Jornal de Microbiologia e Biotecnologia*, **21**(3):229-235

Ling, H., Saeidi, N., Rasouliha, B. H. e Chang, M. W. 2010. Uma piocina do tipo S prevista apresenta atividade bactericida contra isolados clínicos *de Pseudomonas aeruginosa* através de danos na membrana. *Federação das Cartas da Sociedade Europeia de Bioquímica,* **584**:3354-3358.

Lins, L., Ducarme, P., Breukink, E. e Brasseur, R. 1999. Estudo computacional da interação da nisina com a membrana modelo. *Biochimica et Biophysica Ata* **1420**:111120.

Lipsky, B. A., Holroyd, K. J. e Zasloff, M. 2008. Terapia tópica versus terapia antimicrobiana sistémica para o tratamento de úlceras do pé diabético ligeiramente infectadas: um ensaio aleatório, controlado, duplamente cego e multicêntrico do creme de pexiganam. *Doenças Clínicas e Infecciosas* **47**:1537-1545

Maqueda, M., Galvez, A., Bueno, M. M., Sanchez-Barrena, M. J., Gonzalez, C., Albert, A., Rico, M. e Valdivia, E. 2004. Peptídeo AS-48: protótipo de uma nova classe de bacteriocinas cíclicas. *Ciência atual das proteínas e dos péptidos*, **5**(5):399-416

Maquelin, K., Kirschner, C., Choo-Smith, L. P., van den Braak, N., Endtz, H. P., Naumann, D. e Puppels, G. J. 2002. Identificação de microrganismos medicamente relevantes por espetroscopia vibracional. *Journal of Microbiological Methods* **51**:255-271

Martinez, B., Rodriguez, A. e Suarez, J. E. 2000. Lactococcin 972, uma bacteriocina que inibe a formação de septos em lactococos. *Microbiologia* **146**(4):949-955.

Matsui, H., Sano, Y., Ishihara, H. e Shinomiya, T. 1993. Regulação de genes de piocina em *Pseudomonas aeruginosa* por genes reguladores positivos (prtN) e negativos (prtR). *Journal of bacteriology*, **175** (5):1257-1263

Mazzotta, A. S. Crandall, A. D. e Montville, T. J. 1997. Resistência à nisina em esporos e células vegetativas *de Clostridium botulinum. Applied and Environmental Microbiology* **63**:2654-2659.

McAuliffe, O., Ross, R. P. e Hill, C. 2001. Lantibióticos: estrutura, biossíntese e modo de ação. *Federação da Sociedade Europeia de Microbiologia, revisões de microbiologia*, **25**(3):285-308

McCormick, B. A., Franklin, D. P. Laux, D. C. e Cohen, P. S. 1989. Os pili de tipo 1 não são necessários para a colonização do intestino grosso do rato tratado com estreptomicina por *Escherichia coli* F-18 e E. coli K-12 com pili de tipo 1. *Infeção e Imunidade* **57**:3022-3029

Messi, P., Guerrieri, E. e Bondi, M. (2003). Produção de substâncias semelhantes a bacteriocinas (BLS) em isolados de água de *Aeromonas hydrophila. FEMS Microbiology Letters*. **220**(1):121-125

Michel-Briand, Y. e Baysse, C. 2002. The pyocins of Pseudomonas aeruginosa. *Biochimie* **84**:499-510.

Mierau, I. e Kleerebezem, M. 2005. 10 anos do sistema de expressão genética controlado por nisina (NICE) em *Lactococcus lactis. Applied microbiology and biotechnology*, **68**(6):705-717

Miller, M. B. e Bassler, B. L. 2001. Quorum sensing in bacteria. *Revisão Anual de Microbiologia* **55**:165-199.

Miller, R. V., Jeffery, W., Mitchell, D. e Elasri, M. 1999. Respostas bacterianas à luz ultravioleta. *Sociedade Americana de Microbiologia* **65**: 535.541.

Ming, X. e Daeschel, M. 1993. Nisin resistance of foodborne bacteria and the specific resistance responses of *Listeria monocytogenes* Scott A. *Journal of Food Protection* **56**: 944-948.

Moll, G., Hildeng-Hauge, H., Nissen-Meyer, J., Nes, I. F., Konings, W. N. e Driessen, A. J. 1998. Mechanistic properties of the two-component bacteriocin lactococcin G. *Journal of Bacteriology* **180**: 96-99.

Moll, G. N., van Den, A. E., Hauge, H. H., Nissen-Meyer, J., Nes, I. F., Konings, W. N., Driessen, A. J. 1999. Seletividade complementar e sobreposta das bacteriocinas de dois péptidos plantaricina EF e JK. *J. Bacteriol.* **181**: 4848-4852.

Moro, E. M., Weiss, R. D., Friedrich, R. S. e Nunes, M. P. 1997. Substância semelhante a bacteriocina de *Aeromonas hydrophila. Memorias do Instituto Oswaldo Cruz*, **92**(1):15- 116

Motta, A. S. e Brandelli, A. 2002. Caracterização de um peptídeo antibacteriano produzido por *Brevibacterium linens*. *Jornal de Microbiologia Aplicada* **92**: 63-70

Nakamaru, M. e Iwasa, Y. 2000. A competição por alelopatia ocorre em ondas viajantes: a estirpe imune à colicina ajuda a estirpe sensível à colicina. *Theoretical Population Biology* **57**:131-144

Nakayama, K., Takashima, K., Ishihara, H., Shinomiya, T., Kageyama, M., Kanaya, S., Ohnishi, M., Murata, T., Mori, H. e Hayashi, T. 2000. A piocina do tipo R de *Pseudomonas aeruginosa* está relacionada com o fago P2, e o tipo F está relacionado com o fago lambda. *Molecular microbiology*, **38**(2):213-231

Nes, I. F. 2011. História, conhecimento atual e direcções futuras sobre a investigação de bacteriocinas em bactérias do ácido lático. In: Peptídeos antimicrobianos procarióticos: Dos genes à aplicação, (Eds.): D. Drider e S. Rebuffat. Springer, Nova Iorque, pp. 3-12.

Nes, I. F., Diep, D. B., Havarstein, L. S., Brurberg, M. B., Eijsink, V. e Holo, H. 1996. Biosíntese de bacteriocinas em bactérias do ácido lático. *Antonie van Leeuwenhoek* **70**:113-128.

Neumann, G. e Schuster, S. 2007. Modelo contínuo para o jogo pedra-tesoura-papel entre bactérias produtoras de bacteriocinas. *Jornal de Biologia Matemática* **54**:815-846

Nicholson, W. L., Munakata, N., e Horneck, G. 2000. Resistência dos endosporos *de Bacillus* a ambientes terrestres e extraterrestres extremos. *Microbiology and Molecular Biology Reviews* ***64****:* 548-572.

Nissen-Meyer, J., Holo, H., Havarstein, L. S., Sletten, K. e Nes, I. F. 1992. A novel lactococcal bacteriocin whose activity depends on the complementary action of two peptides. *Journal of bacteriology*, **174**(17):5686-5692

Nissen-Meyer, J., Nes, I. F. 1997. Peptídeos antimicrobianos sintetizados por ribossomos: sua função, estrutura, biogênese e mecanismo de ação. *Arquivos de Microbiologia* **167**: 67-77

Nissen-Meyer, J., Nes, I. F., Abee, T., Konings, W. N. e Venema, G. 1993. Pediocin PA-1, uma bacteriocina de *Pediococcus acidilactici* PAC1.0, forma poros hidrofílicos em a membrana citoplasmática das células-alvo. *Applied and Environmental Microbiology* **59**:3577-3584.

Nivedita Sharma e Neha Gautam. 2008. Atividade antibacteriana e caraterização da bacteriocina de *Bacillus mycoides* isolada do soro de leite. *Jornal Indiano de Biotecnologia*. **7**:117-121

Ogunbanwo, S. T., Sanni, A. I. e Onilude, A. A. 2003. Caracterização da bacteriocina produzida por *Lactobacillus plantarum* F1 e *Lactobacillus brevis* OG1. *Jornal Africano de Biotecnologia* **2** (8):219-227

Ojcius, D. M., Young, J. D. 1991. Proteínas e peptídeos citolíticos formadores de poros: existe um motivo estrutural comum? *Tendências em Ciências Bioquímicas* **16**:225-229.

Okereke, A. e Montville, T. J. 1992. A nisina dissipa a força motriz de protões do anaeróbio obrigatório *Clostridium sporogenes* PA 3679. *Applied and Environmental Microbiology* **58**:2463-2467.

Okulate, M. A. 2009. Atividade antimicrobiana de compostos bioactivos produzidos por espécies de *Bacillus*. Um relatório final de estudos de diversidade microbiana. *Microbiologia Aplicada e Ambiental* **65**: 4802-4898

Olutiola, P. O., Famurewa, O. e Sonntag, H. G. (1991). Uma introdução à Microbiologia Geral. *A practical Approach,* 1st Edition, Heldelberg: Heidelberger Verlagsanstalt and Druckerei GmbH, Heidelberg, República Federal da Alemanha. pp: 157-180

Paik, S. H., Chakicherla, A. e Hansen, J. N. 1998. Identificação e caraterização dos genes estruturais e de transporte e das propriedades químicas e biológicas da sublancina 168, um novo lantibiótico produzido por *Bacillus subtilis* 168. *Journal ofBiological*

Chemistry **273**:23134-23142.

Parret, A. H., e De Mot R. 2002. Bacteria killing their own kind: novel bacteriocins of Pseudomonas and other gamma-proteobacteria. *Tendências em Microbiologia* **10**:107-112.

Pinchuk, I. V., Bressollier, P., Verneuil, B., Fenet, B., Sorokulova, I. B. e Mégraud, F. 2001. A atividade anti-helicobacter pylori *in vitro* da estirpe probiótica *Bacillus subtilis* 3 é devida à secreção de antibióticos. *Antimicrobial Agents and Chemotherapy* **45**:3156- 3161

Prangishvili, D., Holz, I., Stieger, E., Nickell, S., Kristjansson, J. K. e Zillig, W. 2000. Sulfolobicins, specific proteinaceous toxins produced by strains of the extremely thermophilic archaeal genus Sulfolobus. *Journal of bacteriology*, **182**(10):2985-2988

Price, L. B. e Shand, R. F. 2000. Halocin S8: uma microhalocina de 36 aminoácidos da estirpe haloarqueal S8a. *Journal of bacteriology*, **182**(17):4951-4958

Pugsley, A. P. 1985. Estirpes *de Escherichia coli* K12 para utilização na identificação e caraterização de colicinas. *Jornal de Microbiologia Geral* **131**:369-376

Pugsley, A. P. e Oudega, B. 1987. Methods for studying colicins and their plasmids. Em Plasmids, a Practical Approach, K. Hardy, ed. (Oxford, IRL Press), pp. 105161

Ramya, R., Ajay, C., Ram, L. e Utpal, R. 2014. Uma atividade antimicrobiana de amplo espetro de *Bacillus subtilis* RLID 12.1. *A revista científica mundial*, **2014**: 1-10

Rasch, M. e Knochel, S. 1998. Variações na tolerância de *Listeria monocytogenes* à nisina, pediocina PA-1 e bavaricina A. *Carta em Microbiologia Aplicada* **27**:275278.

Reeves, P. 1965. The Bacteriocins. *Bacteriological reviews*, **29**:24-45, ISSN 0005-3678

Riley, M. A. 2002. Bacteriocin mediated competitive interactions of bacterial populations and communities. *Journal of Evolutionary Biology* **16**:690-697

Riley, M. A. 2011. O papel ecológico das bacteriocinas In: Prokaryotic Antimicrobial Peptides: From Genes to Applications, (Eds.): D. Drider e S. Rebuffat. Springer, Nova Iorque, pp. 16-21

Riley, M. A. e Wertz, J. E. 2002. Bacteriocins: evolution, ecology, and application (Bacteriocinas: evolução, ecologia e aplicação). *Revisão Anual de Microbiologia* **56**:

117-137

Riley, M. A. e Gordon, D. M. 1992. A survey of Col plasmids in natural isolates of *Escherichia coli* and an investigation into the stability of Col-plasmid linesages. *Jornal de Microbiologia Geral* **138**: 1345-1352

Riley, M. A. e Gordon, D. M. 1999. O papel ecológico das bacteriocinas na competição bacteriana. *Tendências em microbiologia*, **7**(3):129-133

Riley, M. A., Goldstone, C. M., Wertz, J. E. e Gordon, D. 2003. A phylogenetic approach to assessing the targets of microbial warfare (Uma abordagem filogenética para avaliar os alvos da guerra microbiana). *Journal of evolutionary biology*, **16**(4):690-697

Risoen, P.A., Ronning, P., Hegna, I. K. e Kolsto, A.B. 2004. Caracterização de uma substância antimicrobiana de largo espetro *de Bacillus cereus*. *Jornal de Microbiologia Aplicada*, **96**: 648-655.

Robichon, D., Gouin, E., Debarbouille, M., Cossart, P., Cenatiempo, Y. e Hechard, Y. 1997. O gene rpoN (sigma54) de *Listeria monocytogenes* está envolvido na resistência à mesentericina Y105, um péptido antibacteriano de *Leuconostoc mesenteroides*. *Journal of Bacteriology* **179**:7591-7594.

Rodriguez, M. P. Q. 2000. Tecnologia de infravermelho com transformada de Fourier (FITR) para a identificação de organismos. *Boletim Informativo de Microbiologia Clínica* **22**:57-61

Sahl, H. G. e Bierbaum, G. 1998. Lantibióticos: biossíntese e actividades biológicas de péptidos exclusivamente modificados de bactérias gram-positivas. *Revisão Anual de Microbiologia* ***52**: 41-79.*

Sano, Y., Matsui, H., Kobayashi, M. e Kageyama, M. 1993. Molecular structures and functions of pyocins S1 and S2 in *Pseudomonas aeruginosa*. *Journal of bacteriology*, **175**(10):2907-2916

Saranya, S. e Hemashenpagam, N. 2013. Purificação e caraterização de bacteriocina produzida por diferentes espécies de *lactobacillus* isoladas de alimentos fermentados. *Revista internacional de pesquisa em microbiologia* **5**(1): 341-348.

Schillinger, U. e Lücke, F. K. 1989. Atividade antibacteriana de L. sake isolado da carne. *Microbiologia Aplicada e Ambiental* 55:1901-1906

Schindler, C. A. e Schuhardt, V. T. 1964. Lysostaphin: A New Bacteriolytic Agent for the Staphylococcus. *Actas da Academia Nacional de Ciências dos Estados Unidos da América*, **51**:414-421

Scholl, D. e Martin, Jr. D. W. 2008. Eficácia antibacteriana de piocinas do tipo R em relação a *Pseudomonas aeruginosa* num modelo de peritonite murina. *Agentes Antimicrobianos e Quimioterapia* **52**:1647-1652

Scholl, D., Cooley, M., Williams, S. R., Gebhart, D., Martin, D., Bates, A. e Mandrell, R. 2009. Uma piocina do tipo R projectada é um agente altamente específico e agente bactericida sensível para o agente patogénico de origem alimentar *Escherichia coli* O157:H7. *Antimicrobial Agents and Chemotherapy* **53**:3074-3080.

Sehar A. N. e Sheikh A. R. 2013. Isolamento, produção e caraterização de bacteriocinas produzidas por estirpes de ambientes indígenas *pakistan journal botany* **45**(1): 261-267

Setlow, P. 2001. Resistência de esporos de espécies de *Bacillus* à luz ultravioleta. *Mutagénese Molecular Ambiental* **38**: 97-104

Severina, E., Severin, A. e Tomasz, A. 1998. Antibacterial efficacy of nisin against multidrug-resistant Gram-positive pathogens. *Journal of Antimicrobial Chemotherapy* **41**:341-347.

Shand, R. F. e Leyva, K. J. 2007. Antibióticos peptídicos e proteicos do domínio Archaea: Halocinas e Sulfolobicinas, In: Bacteriocinas: Ecology and Evolution, Riley, M. A., Chavan, M. A. (Eds.), pp. 93-109, ISBN 3-540-36603-02, Heidelberg, Alemanha.

Shanmugaraju, V., Chidambararajan, R. e Sivakumar, N. 2012. Purificação parcial e caraterização do péptido anti-MRSA de *Pseudomonas aeruginosa* marinha *Revista internacional de microbiologia atual Ciências Aplicadas* **1**(1):40-49

Shehane, S. D. e Sizemore, R. K. 2002. Isolamento e caraterização preliminar de bacteriocinas produzidas por *Vibrio vulnificus Journal of applied microbiology*, **92**(2):322-328

Siegers, K. e Entian, K. D. 1995. Genes envolvidos na imunidade ao lantibiótico nisina produzido por *Lactococcus lactis* 6F3. *Applied and Environmental Microbiology*

61:1082-1089.

Siezen, R. J., Kuipers, O. P. e De Vos, W. M. 1996. Comparação de grupos de genes lantibióticos e proteínas codificadas. *Antonie Van Leeuwenhoek* ***69***:171-184.

Smajs, D., Micenková, .L., Smarda, J., Vrba, M., Sevcíková, A. e Valisová, Z. 2010. Síntese de bacteriocinas em *Escherichia coli* uropatogénica e comensal: a colicina E1 é um potencial fator de virulência. *BioMed Central Microbiology* **10**:288-292

Smarda, J. e Smajs, D. 1998. Colicinas - proteínas letais extracelulares de *Escherichia coli*. *Folia Microbiologica (Praha)* **43**:563-582

Song, H. J. e Richard, J. 1997. Atividade anti-listerial de três bacteriocinas utilizadas em concentrações inibitórias sub-mínimas e resistência cruzada dos sobreviventes. *Jornal Internacional de Microbiologia Alimentar* **36**:155-161.

Stein, T. 2005. Antibióticos *de Bacillus subtilis:* estruturas, sínteses e funções específicas. *Microbiologia Molecular* **56**:845-857

Stein, T. 2008. Espectrometria de massa de dessorção/ionização a laser assistida por matriz de célula inteira para identificação rápida de bactérias produtoras de bacteriocinas/lantibióticos. *Comunicações Rápidas em Espectrometria de Massa* **22**:1146-1152.

Stein, T., Borchert, S., Conrad, B., Feesche, J., Hofemeister, B., Hofemeister, J. e Entian, K. D. 2002. Dois péptidos diferentes do tipo lantibiótico têm origem no grupo de genes da ericina de *Bacillus subtilis* A1/3. *Journal of Bacteriology* **184**: 1703- 1711.

Sugita, H., Matsuo, N., Hirose, Y., Iwato, M., e Deguchi, Y. 1997. A estirpe NM 10 de Vibrio sp., isolada do intestino de um peixe costeiro japonês, tem um efeito inibitório contra *Pasteurella piscicida*. *Applied and Environmental Microbiology*, **63**(12):4986-4989

Suh, S. J., Silo-Suh, L., Woods, D. E., Hassett, D. J., West, S. E. e Ohman, D. E. 1999. Effect of rpoS mutation on the stress response and expression of virulence factors in *Pseudomonas aeruginosa*. *Journal of Bacteriology* **181**:3890-3897.

Sun, C., Li, Y., Mei, S., Lu, Q., Zhou, L. e Xiang, H. 2005. Um único gene dirige tanto a produção como a imunidade da halocina C8 numa estirpe haloarqueal AS7092. *Microbiologia molecular*, **57**(2):537-549

Suzuki, M., Yamamoto, T., Kawai, Y., Inoue, N. e Yamazaki, K. 2005. Modo de ação da piscicocina CS526 produzida por *Carnobacterium piscicola* CS526. *Jornal de microbiologia aplicada*, **98**(5):1146-1151

Syed, I. A., Muhammad, K., Muhammad, S., Aqeel, A. e Shakeel, A. 2011. Caracterização parcial de bacteriocina como substância inibitória de *bacillus subtilis* BS15, um isolado de solo local. *Pakistan Journal* Botany **43**(4): 2195-2199

Szybalski, W. 1953. Estudos genéticos sobre a resistência cruzada microbiana a agentes tóxicos. *Antibiotics and Chemotherapy* **3**(11): 1095-1103.

Tagg, J. R., Dajani, A. S. e Wannamaker, L. W. 1976. Bacteriocinas de bactérias gram-positivas . *Bacteriological reviews*, **40**(3):722-756

Tan, Y, e Riley, M. A. 1996. Invasão rápida por *Escherichia coli colicinogénica* com novas funções de imunidade. *Microbiologia* **142** (8): 2175-2180

Tchikindas, M., Cleveland, J., Li, J. e Montville, T. 2000. Ausência de relação entre a resistência à nisina e a resistência aos antibióticos em *Listeria monocytogenes*. Programa e Livro de Resumos. IAFP, p. 55.

Torkar, K. G. e Matijasic, B. B. 2003. Caracterização parcial de bacteriocinas produzidas por *Bacillus cersus* isolados de produtos lácteos. *Tecnologia Alimentar e Biotecnologia* **41**: 121-129.

Torreblanca, M., Meseguer, I., e Ventosa, A. 1994. Production of Halocin Is a Practically Universal Feature of Archaeal Halophilic Rods. *Cartas em Microbiologia Aplicada*, **19**(4):201-205

U.S. Food and Drug Administration, 1988. Preparação de Nisina: Afirmação do estatuto GRAS como ingrediente alimentar humano direto. *Registo Federal*. **53**, 6 de abril.

Uratani, Y., e Hoshino, T. 1984. Pyocin R1 inibe o transporte ativo em *Pseudomonas aeruginosa* e despolariza o potencial da membrana. *Journal of Bacteriology* **157**:632-636.

Vaara, M. 1992. Agentes que aumentam a permeabilidade da membrana externa. *Microbiological Reviews*. **56**: 395-411.

Vaara, M. 1999. Lipopolissacarídeo e a permeabilidade da membrana externa bacteriana. In: H. Brade, S.M. Opal, S.N. Vogel, D.C. Morrison (ed.), Endotoxin in Health and Disease, Marcel Dekker, Inc., New York and Basel. Pp. 31.38.

van Belkum, M. J., Kok, J., Venema, G., Holo, H., Nes, I. F., Konings, W. N. e Abee, T. 1991. The bacteriocin lactococcin A specifically increases permeability of lactococcal cytoplasmic membranes in a voltage-independent, protein-mediated manner. *Journal Bacteriology* **173**:7934-7941.

Venema, K., Haverkort, R. E., Abee, T., Haandrikman, A. J., Leenhouts, K. J., de Leij, L., Venema, G. e Kok, J. 1994. Mode of action of LciA, the lactococcin A immunity protein. *Molecular Microbiology* **14**:521-532.

Venema, K., Venema, G. e Kok, J. 1995. Lactococcal bacteriocins: mode of action and immunity. *Trends in Microbiology* **3**:299-304.

Vreeland, R. H., Rosenzweig, W. D. e Powers, D. W. 2000. Isolamento de um organismo com 250 milhões de anos

bactéria halotolerante de um cristal de sal primário. *Natureza* **407**: 897-900

Vriezen, V. A. R. 2009. A evolução da redução da mortalidade microbiana. *Biologia do Genoma e Evolução* 400-408

Webster, R. E. 1991. Os produtos do gene tol e a importação de macromoléculas para *Escherichia coli. Microbiologia Molecular* **5**:1005-1011

Wertz, J. E., Goldstone, C., Gordon, D. M. e Riley, M. A. 2003. A molecular phylogeny of enteric bacteria and implications for a bacterial species concept. *Journal ofEvolutionary Biology* **16**:1236-1248

Whiteley, M., Bangera, M. G., Bumgamer, R. E., Parsek, M. R., Teitzel, G. M., Lory, S. e Greenberg, E. P. 2001. Gene expression in *Pseudomonas aeruginosa* biofilms (Expressão genética em biofilmes *de Pseudomonas aeruginosa*). *Nature.* **413**:860 864.

Williams, S. R., Gebhart, D. Martin, D. W. e Scholl, D. 2008. Redireccionamento de piocinas do tipo R para gerar novos complexos de proteínas bactericidas. *Microbiologia Aplicada e Ambiental* **74**:3868-3876

Wloch-Salamon, D. M., Gerla, D., Hoekstra, R. F. e de Visser, J. 2008. Effect of dispersal and nutrient availability on the competitive ability of toxin-producing yeast (Efeito da dispersão e da disponibilidade de nutrientes na capacidade competitiva de leveduras produtoras de toxinas). *Actas da Sociedade Real de Londres. B: Ciências Biológicas* **275**:535-541

Yamazaki, K., Suzuki, M., Kawai, Y., Inoue, N. e Montville, T. J. 2005. Purificação e caraterização de uma nova bacteriocina de classe IIa, piscicocina CS526, de *Carnobacterium piscicola* CS526 associada ao surimi. *Microbiologia Aplicada e Ambiental*, **71**(1):554-557

APÊNDICE A

Efeito da temperatura na atividade do BLEM produzido por *P. aeruginosa* SF4 e *B. subtilis* SF8

	Bacillus subtilis SF8			*Pseudomonas aeruginosa* SF4		
Tempe ratura (°C)	%de atividade residual (15min)	%de atividade residual (30min)	%de atividade residual (60min)	%de atividade residual (15min)	%de atividade residual (30min)	%de atividade residual (60min)
30	100.00±0.00a	95,85±4,15ab	100.00±0.00a	97.35±2.65a	100.00±0.00a	100.00±0.00a
40	95,85±4,15ab	100.00±0.00a	100.00±0.00a	100.00±0.00a	94.75±5.25a	100.00±0.00a
50	100.00±0.00a	100.00±0.00a	95.85±4.15a	97.35±2.65a	100.00±0.00a	97.05±2.95a
60	100.00±0.00a	95,85±4,15ab	100.00±0.00a	100.00±0.00a	100.00±0.00a	97.05±2.95a
70	91,65±8,35ab	91,70±0,00ab	95.85±4.15a	94.75±5.25a	94.70±5.30a	100.00±0.00a
80	100.00±0.00a	87,50±4,20bc	83,30±0,00ab	100.00±0.00a	100.00±0.00a	100.00±0.00a
90	87,50±4,20ab	83.30±0.00c	68.30±15.00b	94.70±0.00a	92.05±2.65a	91,15±2,95ab
100	90.85±0.85b	51.65±1.65d	41.65±8.35c	92.10±2.60a	92.10±7.90a	85.30±2.90c
121	0.00±0.00c	0.00±0.00e	0.00±0.00d	0.00±0.00b	0.00±0.00b	0.00±0.00d

Os valores médios com letra (s) semelhante (s) ao longo da coluna não são significativamente diferentes a um nível de probabilidade de 5 % pelo teste de Duncan de intervalos múltiplos (DMRT)

Efeito do pH na atividade do BLEM produzido por *P. aeruginosa* SF4 e *B. subtilis* SF8

	Bacillus subtilis SF8	*Pseudomonas aeruginosa* SF4
pH	% de atividade residual Bacilo	% de atividade residual Pseudomonas
2	0.00±0.00d	0.00±0.00b
3	20,85±4,15cd	5.25±5.25b
4	91.70±0.00a	76.30±18.40a
5	87,50±4,20ab	78.95±5.25a
6	100.00±0.00a	73.700.00±a
7	100.00±0.00a	94.70±0.00a
8	91.65±8.35a	89.45±5.25a
9	66.65±16.65b	84.20±0.00a
10	33.35±8.35c	81.60±7.90a

Os valores médios com letra (s) semelhante (s) ao longo da coluna não são significativamente diferentes a um nível de probabilidade de 5 % pelo teste de Duncan de intervalos múltiplos (DMRT)

APÊNDICE B
Reagentes e soluções

Reagente de indole de Kovac

Para-dimetil aminobenzaldeído	10g
Álcool amílico puro	150 ml
Ácido clorídrico concentrado	50ml

Violeta Cristal

Cristal violeta	0.5g
Água destilada	100ml

Safranina

Safranina	0,25 mg
Álcool etílico a 95%	10 ml
Água destilada	100ml

Solução de iodo de Gram

Iodo	1g
Iodo Potássico	2g
Água destilada	300 ml

MIX
Papier aus verantwortungsvollen Quellen
Paper from responsible sources
FSC® C105338

Printed by Books on Demand GmbH, Norderstedt / Germany